Harmke Horst

AUF *SCHNÜFFELTOUR* MIT MEINEM *HUND*

Artgerechte Beschäftigung ohne Training und Vorbereitung

INHALT

EIN WORT VORAB 5

ÜBUNG MACHT DEN MEISTER 7

WAS WIR OFT NICHT WAHRNEHMEN 8

DIE UNTERSCHIEDLICHE SINNESWAHRNEHMUNG VON MENSCH UND HUND 10

Die fünf Sinne und ihre Bedeutung 10
- Wie der Mensch wahrnimmt 10
- Wie der Hund wahrnimmt 11

Ein Zusammenspiel der Sinne des Hundes 12
- Das Schleck-Phänomen 13

Vergleichsgerüche 14
Indirekte Duftübertragung 15
Faszination Hundenase 16

ACHTSAMKEIT 17

Hunde leben im Hier und Jetzt 17
Was ist Achtsamkeit dem Hund gegenüber? 18
Beobachtung und Wertschätzung 20
Gegenseitige Rücksichtnahme 21
Mindset 22

IMMER DER NASE NACH 23

Auf Spurensuche – der Wolf 23
Olfaktorische Wahrnehmung 23
Kennenlernen über den Duft 25
Hunde riechen stereo 26
Stimmungen am Geruch erkennen 27

WARUM DIE HUNDENASE SO EINMALIG IST 29

Die Hundenase vom Welpen bis zum Senioren fördern 29
Die Lakritz-Nase 30
Hunde haben Geruchsbilder 32
Geruchszonen: unten, Mitte, oben 33
Es riecht nach Regen 34
Wetter: Thermik, Sonne, Schatten, Wind und Temperatur 34
Geruchs-Jahreszeiten 35

HUNDE SETZEN IHRE NASE SEHR VIELFÄLTIG EIN 38

Die kalte Hundenase kann Wärme riechen 38
Das menschliche Geruchs-Gedächtnis 38
Hunde riechen das „Wieviel“ 39
Unbeliebte Düfte und Gerüche 39
Das olfaktorische Arbeitsgedächtnis von Hunden 41
Markieren 41
Der Schnüffelsound 43

JEDER HUND KANN ANDERS SEIN 44

Hundetypen und Suchtypen 45
Hunde sind unterschiedliche Schnüffeltypen 45
Körpersprache von Mensch und Hund 47
Welche Menge an Geruch braucht es eigentlich? 49
Warum kratzen Hunde manchmal auf dem Boden? 49
Haben Hunde einen eingebauten Kompass? 50

DIE UNTERSCHIEDLICHEN LERNFORMEN DES HUNDES 52

Wie lernen Hunde? 52

Konditionierung 52
Do as I Do – Mach's mir nach 53
Einfach mal machen lassen 54

UMGEBUNGEN UND IHRE SCHNÜFFELERLEBNISSE 55

Ausflug im Wald 55
Stadt bis Industriegebiet 57
Zuhause 57
Die Leine und ihr Handling 58
Die gemeinsame Beziehung stärken 59

ZUSAMMEN SCHNÜFFELN GEHEN 61

GUT VORAB ZU WISSEN 62

Kommunikation 62
Belohnung 62
Körpersprache Mensch 63
Wassergabe 63
Das Hundealter und der Gesundheitszustand 64
Ritual Halstuch oder Signal-Halsung 64
Bitte Rücksicht nehmen 64

NASENARBEIT FÜR WELPEN 66

Riechen macht müde 66
Käse-Stamm für Welpen 67
- Variante 1: Käse-Baum 67
- Variante 2: Tischlein deck dich 67
- Variante 3: Wasserlachen suchen 68
- Variante 4: Zusammen suchen 68

DIE VIER JAHRESZEITEN UND DIE HUNDENASE 70

Winter 70
- Idee 1: Frost an Pflanzen, am Gras 70
- Idee 2: Zugefrorene Bäche oder Pfützen 70
- Idee 3: Spurensuche im Schnee 71

Frühling 72
- Idee 1: Hündin 72
- Idee 1: Rüde 73
- Idee 2: Morgentau auf der Wiese 73
- Idee 3: Fellwechsel 73
- Variante 73

Sommer 74
- Idee 1: Wasser-Uferrand 74
- Idee 2: Sonne und Schatten 75

Herbst 75
- Idee 1: Abenteuer Spaziergang 75
- Idee 2: Morgennebel und Abenddämmerung 76

ABWECHSLUNG BEIM GEMEINSAMEN SPAZIERGEHEN 77

Unterschiedliche Zeitungen lesen 77
Nach dem Urlaub in der eigenen Hood 78

ACHTSAMKEIT WÄHREND DES HUNDESPAZIERGANGS 79

Die Schnüffelsafari 79

Waldbaden für den Zweibeiner 80

Detektiv Hundenase: Verloren-Suche von Naturgegenständen 81

Spaziergang 1 82

Spaziergang 2 82

Spaziergang 3 82

Variante: Bäumen eine Umarmung schenken 83

UNTERWEGS AUF ASPHALT 86

Idee Mülltonnen 86

Variante Sperrmüll 86

Verloren-Suche Stadt 87

Tag 1 87

Tag 2 88

Tag 3 88

Variante 1 89

Variante 2 89

Abenteuer Schnüffeltour Fußgängerzone 89

Variante: Kirmes oder Weihnachtsmarkt 91

Variante: Bahnhof 91

Variante: Zoo oder Wildgehege 91

Artgenossen hinterher schnüffeln 92

INDOOR – SPANNENDES FÜR DIE HUNDENASE 93

Überspringende Witterung 93

Abdruck: Die einmalige Hundenase festhalten 93

Sie brauchen dazu 93

Neue Gerüche von draußen 94

Aufnahme des Schnüffelsounds 95

(Serien)-Bilder Schnüffeln 97

Videoaufnahme Schnüffeln 97

Variante: beim Verstecken 97

Besuch und deren Spuren 99

Variante 1

Variante 2

Macht die Menge einen Unterschied? 101

Aufgabe 1 – Menge 101

Variante 1 102

Variante 2 102

Variante 3 102

Variante 4 102

Aufgabe 2 – Art des Futters 102

Variante 1 103

Variante 2 103

Variante 3 103

OUTDOOR – IDEEN FÜR DEN GARTEN 104

Leckerli-Schnüffel-Spiel 104

Variante 1 104

Variante 2 104

Variante 3 104

Variante 4 105

Variante 5 105

Für alle Aufgaben-Varianten gilt 106

Das aus Versehen „vergessene" Pizzastück 106

Variante 106

WORTE ZUM SCHLUSS 108

SERVICE 110

Nachgelesen im Web 110

Nachgelesen in Büchern 110

Bildnachweis 111

Über die Autorin 111

Dank der Autorin 111

Dank der Fotografin 111

EIN WORT VORAB

Für unsere Hunde ist Schnüffeln eine wichtige sensorische Auslastung. Wenn sich ein Hund seinem primären Organ ausgiebig hingegeben hat, ist er besser ausgelastet, als wenn er etwa nur gerannt ist. Nasenarbeit hält zusätzlich den Geist fit und senkt nachweißlich den Stressfaktor bei Hunden, da durch das Schnüffeln die Herzfrequenz gesenkt wird. Außerdem ist Nasenarbeit eine sehr artgerechte Auslastung, denn Schnüffeln müssen Hunde nicht erst erlernen. Eine Vorliebe fürs Riechen haben so gut wie alle Hunde. Besonders großartig ist, dass Schnüffeln selbstbelohnend ist und somit schnell zu einem ausgeglichenen Hund führt.

Gut zu wissen: Schnüffeln ist selbstbelohnend und eine wunderbare Auslastung!

Doch manchmal vergessen wir einfach im Alltagsstress, wie wichtig die Verwendung und Auslastung der Hundenase ist. Kaum schnüffelt der Hund ein klein wenig länger an einer Stelle, wird an der Leine gezogen, da wir weitergehen möchten oder gar nicht mitbekommen, wofür sich der Vierbeiner gerade interessiert. Warum nehmen wir uns hier nicht ein wenig mehr Zeit und gestalten lieber den Spaziergang ein bisschen kleiner?

Unsere heutige Zeit ist dazu oft geprägt von einem gewissen Leistungsdruck: immer schneller, höher, weiter. Dies überträgt sich leider auf das Zusammenleben mit unseren Hunden. Doch wie wäre es, sich dem zu entziehen und gemeinsam Dinge zu entdecken und zu erleben, die ein wenig in Vergessenheit geraten sind? Ohne Ziel, ohne Punktevergabe, ohne Siegertreppchen.

Man kann dabei äußerst viel Neues entdecken und ist mit Sicherheit über die eine oder andere Sache mehr als erstaunt. Gerade, weil wir sie vielleicht unbewusst schon gesehen, aber nicht richtig beachtet haben.

Dieses Buch ist darauf ausgelegt, mit möglichst wenigen Vorbereitungen, Materialien oder Hilfsmitteln auszukommen. Im ersten Teil blicken wir hinter die Kulissen der Faszination Hundenase und die dazugehörige Geruchswelt, die manchmal fast un(be)greifbare Dimensionen annimmt.

Fast jeder Gegenstand hat einen Geruch oder besser gesagt eine Geruchswolke um seine Kontur herum. Und jeder Mensch strömt Geruch aus. Der Hund lebt in dieser Geruchswelt so intensiv, wir aber nicht. Daher vergessen wir oft, unseren Hunden im Alltag die Zeit und den Raum zu geben, sich diesen Gerüchen hinzugeben. Deswegen geht es auch um Achtsamkeit und ein bewusstes Mindset.

Ihre Harmke Horst

ÜBUNG MACHT DEN MEISTER

Dieser Theorie-Teil schafft die Basis für die Praxis. Vor allem aber zeigt er auf, warum Schnüffeln Hunde glücklich macht und warum diese Form der artgerechten Auslastung einen so wichtigen Anteil im Hundeleben haben sollte.

WAS WIR OFT NICHT WAHRNEHMEN

Wir sagen zwar oft: Der Hund ist ständig mit der Nase unterwegs. Aber bekommt der Mensch wirklich alles mit, was der Hund mit seiner Nase macht oder kann?

Gemeinsame Erlebnisse stärken zudem die Bindung.

Bekommen wir immer mit, wenn unser Hund wo schnüffelt? Eher nicht und das ist auch nicht entscheidend. Wichtiger ist, dass wir uns öfter über bestimmte Situation positive Gedanken machen oder uns darüber freuen, was unser Hund gerade erlebt. Außerdem ist der Hund nicht nur mit der Nase unterwegs, sondern er nutzt weiterhin alle seine fünf Sinne.

Dazu zwei kurze Erlebnisberichte: Es ist kalt draußen. Mein Hund Esra und ich kommen zurück in den Garten und ein verletzter, aber bereits toter Vogel liegt auf dem Rasen. Sofort ist ihr Interesse an dem anderen Tier geweckt. So gerne ich sie an den Vogel gelassen hätte, habe ich das aus Sicherheitsgründen unterbunden und den toten Vogel allein entsorgt.

Am nächsten Tag hatte Esra mehr als ein gesteigertes Interesse an einer bestimmten Stelle im Rasen. Ich fragte mich kurz, warum, bis mir der tote Vogel wieder einfiel. Den hatte ich schon vergessen und wurde zugegeben auch visuell und geruchlich nicht daran erinnert. Ganz anders Esra, denn sie konnte anscheinend den Geruch weiterhin sehr gut wahrnehmen. Sie untersuchte die Stelle, an dem der Vogel lag, ausgiebig.

Während meine Erinnerung an den toten Vogel im Grunde schon vollkommen verblast war, hat Esra noch mindestens zehn Tage lang den Rasen genau an der Ablagestelle untersucht. Sicher hätte sie das auch getan, wenn sie den Vogel nie gesehen hätte. Aber ich war doch froh ihn gesehen zu haben, denn so konnte ich ihre Begeisterung für den „Fleck" gut nachvollziehen und ihr zugleich die Zeit geben, jeden Tag die Stelle auf ein Neues genauestens zu untersuchen.

Die zweite Situation haben sicher viele schon erlebt, aber vielleicht nicht bewusst wahrgenommen oder beobachtet. Manchmal kommt es vor, dass Gäste oder Handwerker Angst vor Hunden haben, sodass sie nicht mit dem Hund in Kontakt kommen.

Wenn der Besuch wieder weg ist, passiert oft folgendes: Der Hund nimmt den Individualgeruch der „fremden Person" auf, aber nicht nur das. Wenn man den Hund genau beobachtet, verfolgt er regelrecht die Spur, die die Person im Haus gelaufen ist. Dabei verfolgen die Hunde meist ein Konzept, sie wollen herausbekommen, welchen Weg die fremde Person als letztes genommen hat. Dies macht absolut Sinn, denn nur diese Spur würde sie zu der Person führen, wenn sie nicht bereits weg wäre.

Beide Sachverhalte – einmal tierischer Geruch, einmal menschlicher Geruch – zeigen, wie viel der Hund mit seiner Nase anstellt, ohne dass wir es immer bewusst wahrnehmen. Vielleicht kann dieses Buch das ein wenig ändern. Immer unter dem Motto: Nichts muss, aber (fast) alles kann.

DIE UNTERSCHIEDLICHE SINNESWAHRNEHMUNG VON MENSCH UND HUND

Hunde und Menschen verfügen zwar über die gleichen Sinne, setzen diese aber mit ganz unterschiedlichen Prioritäten ein. Was dann und wann, wenn man sich dazu keine Gedanken macht, zu Missverständnissen führen kann.

Die fünf Sinne und ihre Bedeutung

Der Philosoph Aristoteles hat schon vor über 2300 Jahren über die fünf Sinne geschrieben. Dabei hat er sich bereits über Gemeinsamkeiten und Unterschiede der Sinne und ihre Verwendung von Tieren und Menschen auseinandergesetzt.

Über unsere Sinne erhalten wir alle sensorischen Informationen. Wir nehmen mit unseren Sinnen uns selbst und die Welt wahr. Dazu nutzen Menschen ihre Sinne in einer unterschiedlichen Intensität.

WIE DER MENSCH WAHRNIMMT

Sehen: Für uns Menschen ist die visuelle Wahrnehmung mit großem Abstand der wichtigste Sinn. Es wird angenommen, dass wir etwa zwei Drittel der Informationen mit den Augen wahrnehmen. Früher war das Auge fürs Jagen wichtig, um schnelle Bewegungen der Beute wahrnehmen zu können. Beim Thema Sehen kann man sich immer fragen, was sehen wir bewusst und was unbewusst?

Schmecken: Die menschliche gustatorische Wahrnehmung unterscheidet in sechs verschiedene Geschmäcker: fett, bitter, herzhaft (umami), salzig, sauer und süß. Dazu ein kleiner Funfact am Rande: In luftiger Höhe schmecken wir etwa 30 Prozent weniger, deswegen sind in Flugzeugen die Gerichte immer überwürzt.

Hören: Mit der auditiven Wahrnehmung können wir Informationen empfangen. Gleichzeitig dient das Ohr der Orientierung. Anhand der Sprache können wir Emotionen wahrnehmen, ebenso durch Musik.

Fühlen: Unsere taktile Wahrnehmung ist präziser, als wenn wir uns etwas anschauen.

Beim Hund steht der Riechsinn an erster Stelle.

Dabei kann man sich allerdings auch täuschen (lassen). Für die Kommunikation untereinander ist das Fühlen besonders wichtig.

Riechen: Die olfaktorische Wahrnehmung des Menschen ist der komplexeste chemische Sinn des Menschen. Wir nutzen unseren Geruchssinn ebenfalls, um einen anderen Menschen als kompatibel oder nicht kompatibel mit uns selbst einzuschätzen. (Daher auch die Aussage, jemanden nicht riechen zu können.)

Menschen haben eine Gemeinsamkeit, und zwar die Hierarchie der Sinne: Sehen – Hören – Tasten – Schmecken – Riechen. Für Menschen ist es besonders schwer, Geruchseindrücke zu beschreiben. Daher gibt es die Annahme, dass es sich beim Riechen um einen „stummen Sinn" handelt. Dennoch ist er eng mit emotionaler Erinnerung verknüpft.

WIE DER HUND WAHRNIMMT

Hunde hingegen haben eine andere Hierarchie der Sinne. Für sie ist Riechen der wichtigste Sinn, über den sie ihre Umwelt wahrnehmen. Die Nase ist ihr Hochleistungsorgan. Ebenso ist der Gehörsinn von Hunden besser als der vom Menschen, da sie ein größeres Schallspektrum hören können. Der Sehsinn von Hunden ist anders als der menschliche. Durch die Position der Augen haben sie einen sogenannten Rundumblick. Manche Hunde mit sehr schmalen Köpfen können sogar etwas nach hinten schauen. Das Farbspektrum von Hunden soll geringer sein als das des Menschen. Der Tastsinn von Hunden wird durch Tasthaare, die über den gesamten Körper verteilt sind, unterstützt. Bei Dunkelheit unterstützt das Fühlen Hunde bei ihrer Orientierung. Der Geschmackssinn ist bei Hunden viel weniger ausgeprägt, was das Erkennen der unterschiedlichen Geschmacksrichtungen angeht. Sie nehmen vielmehr den Geschmack auch über ihren Geruchssinn wahr und entscheiden so beispielsweise, ob sie etwas fressen wollen oder nicht.

AUF DEN PUNKT GEBRACHT

Das primäre Organ beim Menschen sind die Augen. Beim Hund hingegen ist es die Nase. Dies ist sicher auch ein Grund für Missverständnisse im Zusammenleben von Menschen und Hunden, da uns gerade der Riechsinn so unterschiedlich wichtig ist.

Ein Zusammenspiel der Sinne des Hundes

Oft benutzen wir und genauso unsere Hunde mehrere Sinne zusammen. Gerade dann, wenn wir mit einem Sinn nicht weiterkommen oder wir einen Sinn unterstützen, um ans gewünschte Ziel zu kommen. Bei Hunden sind zwei Sinne eng verknüpft: Riechen und Schmecken. Denn Hunde können diese zwei Sinne miteinander verbinden.

Dies funktioniert durch das Jacobson-Organ, auch Jacobsonsches Organ oder Vomeronasales Organ genannt. Es befindet sich am Gaumen unterhalb der Hundenase, hat viele kleine Öffnungen und somit eine direkte Verbindung zwischen der vorderen Mundhöhle und dem Riechhirn. Hier riecht der Hund aber nicht so wie mit der Nase, sondern nimmt Gerüche über den Geschmack war.

Wenn der Hund also an einem für ihn sehr spannenden Geruch nicht nur riecht, sondern auch schleckt, nimmt er noch mehr Parameter des Geruches auf. Durch wiederholte Zungenbewegungen, die sogar zur leichten Schaumbildung führen können, gelangen diese Informationen an die kleinen Löcher am Gaumen. Manchmal kann man dabei ebenfalls ein leichtes Zähneklappern beobachten. Für uns nicht nachvollziehbar, schlecken Hunde gerne den Urin von anderen Hunden auf. Dies macht der Hund nicht ohne Grund: An dieser Kombination von Geruch und Geschmack kann er erkennen, welches Geschlecht der andere Hund hat. Wenn es sich um eine Hündin handelt, kann er zusätzlich so noch ermitteln, welchen

Die fünf Sinne von Mensch und Hund werden unterschiedlich priorisiert.

Nase, Augen und Pfoten entdecken gemeinsam den Stein.

Zyklusstatus die Hündin gerade hat. Außerdem erkennt er, ob der Artgenosse gesund oder krank ist.

DAS SCHLECK-PHÄNOMEN

Beim Mantrailing kann man dieses „Schleck-Phänomen" bei der Aufnahme des Geruchsartikels am Start ebenfalls häufiger beobachten. Dann riecht der Hund nicht nur an dem Gegenstand, der ihm unter die Nase gehalten wird, sondern schleckt auch daran. Dies lässt dann Raum für Spekulationen, warum er das zu diesem Zeitpunkt macht, aber nicht immer: Sind so wenig Informationen auf dem Geruchsartikel, dass Riechen nicht ausreicht und er über das Schlecken an noch mehr Details kommt? Oder möchte er einfach noch mehr Informationen aufnehmen? Oder riechen manche Gegenstände mit Individualgeruch so gut, dass er einfach daran schlecken muss?

AUF DEN PUNKT GEBRACHT

Hunde, die zusätzlich zum Riechen noch an etwas schlecken, erhalten ergänzende Details zum Geruch.

Der Individualgeruch des Menschen ist übrigens nicht zu verwechseln mit dem Körpergeruch. Letzteren können wir Menschen olfaktorisch sowohl als angenehmen als auch als unangenehmen Geruch bei anderen wahrnehmen. Den menschlichen Individualgeruch hingegen können wir nicht wahrnehmen. Unsere Vierbeiner schon.

Vergleichsgerüche

Leider gibt es nur wenige wissenschaftliche Erkenntnisse darüber, wie ähnlich sich die zwei Gerüche sein müssen, wenn Hunde etwas anhand eines Vergleichsgeruchs suchen. Dabei wird die Geruchserkennung von Hunden sehr geschätzt, egal, ob sie nach Sprengstoff, Drogen oder Menschen suchen. Während Hunde auf ziemlich „reinen Sprengstoff“ trainiert werden, sollen sie im Ernstfall z. B. auch Selbstlaborate, die eine andere, aber ähnliche Zusammensetzung haben, anzeigen. Diese Fähigkeit wird Generalisierung genannt. Allerdings darf die Abweichung zum eigentlich trainierten Geruch nicht zu groß werden, sonst verfehlt der Hund sein Ziel. Grundsätzlich scheint es Hunden leichter zu fallen, wenn sie die Zusammensetzung einer größeren Menge kennen, auch eine kleinere Menge anzuzeigen, als andersherum.

Übertragen auf Familienhunde heißt das: Je mehr die Hunde ihrer Leidenschaft des Schnüffelns nachgehen können, desto mehr werden sie Gerüche generalisieren und noch mehr Düfte erkennen können.

Die Leistung einer Hundenase überrascht uns immer wieder.

„Ich kann riechen, wen du getroffen hast."

Indirekte Duftübertragung

Wenn ein Mensch einen anderen Menschen etwa umarmt, dann handelt es sich um einen indirekten Geruchsübertrag. Während der Mensch das Umarmen schon bald abgehakt hat und vermutlich geruchlich nicht mehr wahrnimmt, ist dies für den Hund ganz anders. Denn er kann den bekannten oder fremden Menschen noch lange riechen. Manchmal reicht schon ein Handgeben und es muss keine Umarmung gewesen sein. Der Hund möchte sich diesen Gerüchen vielleicht hingeben und diese Zeit sollte der Mensch ihm auch geben. Dazu gehört auch das Postboten-Phänomen, zumindest wenn der Postbote Hunde mag. Denn er bringt eine geruchliche Hundezeitung mit, wenn er die Post ausliefert.

AUF DEN PUNKT GEBRACHT

Hunde riechen was, was wir nicht sehen.

Faszination Hundenase

Die Hundenase ist ein faszinierendes Phänomen. Während einem das bei sogenannten Spezialhunden, wie beispielsweise Bargeld-, Drogen- Brandmittel-, Leichen- und Sprengstoffspürhunden oder auch Rettungshunden ziemlich präsent ist, ist es einem bei dem eigenen Haushund oft nicht so bewusst und schätzt es vielleicht sogar auch nicht. Aber selbst ohne jegliche Ausbildung vollbringt der Hund täglich Hochleistungen mit seiner Nase. Einige seiner „Geruchstaten", wie hartnäckig an Pinkel-Stellen von Artgenossen zu riechen, sind uns ein Begriff und wir nehmen sie zumindest unterbewusst wahr oder sind sogar genervt davon. Vieles hingegen entgeht uns mit Sicherheit und das ist schade, denn es kann eigentlich ein wertvoller Austausch zwischen Menschen und Hund sein. Hier kommen Begriffe wie Achtsamkeit, Beobachtung und Wertschätzung ins Spiel.

Wenn wir genauer beobachten, erleben wir die Faszination Hundenase noch mehr.

ACHTSAMKEIT

Achtsam zu sein bedeutet in einer bestimmten Weise aufmerksam zu sein. Im Hier und Jetzt bewusst etwas wahrzunehmen, ohne dabei etwas zu beurteilen. Dabei können wir viel von unseren Vierbeinern lernen, denn die können das ziemlich perfekt.

Hunde leben im Hier und Jetzt

Es ist sehr sinnvoll, die Dinge wertfrei zu betrachten. Doch etwas nicht sofort zu bewerten, fällt uns oft gar nicht so leicht – gerade im Zusammenleben von Mensch und Hund, denn dort klaffen die Interessen und Prioritäten oft auseinander: Oder wie viele Hundehalter riechen wohl freiwillig gern an Kadaverresten? ...

Ein normaler Spaziergang mitten am Tag ist ein gutes Beispiel für verschiedene Interessen zu unterschiedlichen Zeiten. Wir Menschen haben den Vormittag gearbeitet oder

Die Gedankenwelt von Hund und Mensch ist sehr unterschiedlich.

Achtsamkeit kann so vieles sein.

Dinge erledigt und wollen oft dieses „Mittags-Lüften" ebenfalls schnell erledigen. Der Hund hingegen hatte bis dahin Freizeit und wartet gespannt aufs Rausgehen. Was passiert also? Es entsteht im Grunde genommen sofort ein Interessenskonflikt: Sie haben den Plan, schnell wieder zurück zu sein, der Hund möchte seiner Energie freien Lauf lassen und sich seinem Schnüffelbedürfnis hingeben. Wie wäre es, wenn Sie beispielsweise den Hund die ersten fünf Minuten das Tempo und die Schnüffelstellen entscheiden lassen? Das bedeutet, parallel einen Moment innehalten zu können, ohne sich dabei schlecht oder gehetzt zu fühlen. Sie werden schnell feststellen: Wenn man lernt, gegenseitig achtsamer zu sein, wird einiges leichter und weniger konfliktbehaftet.

Rituale können dabei helfen, wenn es Ihnen manchmal schwer fällt, sich selbst oder ihrem Hund gegenüber achtsam zu sein. Im Hundetraining sind Rituale oft selbstverständlich, warum dann nicht in der Freizeit? Rücksichtnahme ist ebenfalls eine Form von Achtsamkeit.

Was ist Achtsamkeit dem Hund gegenüber?

Achtsamkeit ist kein Tool, sondern eine Einstellung. Kurz gesagt: Wie nutze ich die Zeit oder den Moment mit meinem Hund? Die Augen geöffnet haben, heißt nicht, zwangsläufig bewusst etwas zu sehen, zu beobachten oder wahrzunehmen. Aber ich kann mir die Zeit mit dem Hund bewusst und achtsam gestalten.

Unseren Hund können wir uns sehr gut als Vorbild in Bezug auf Achtsamkeit nehmen. Denn Hunde leben absolut im Hier und Jetzt. Das ist auf einem Spaziergang gut zu beobachten: Wenn dem Hund ein spannender Geruch in die Nase gerät, hält er an und beschäftigt sich ausgiebig mit diesem Geruch. Während wir gerade in der heutigen schnelllebigen Zeit oftmals an Dingen vorbeihuschen oder sie gedanklich auf später verschieben. Dieses „später" wird dann allzu oft zu einem „nie" …

Schnüffeln macht glücklich! Erweitert um Achtsamkeit: erleben ohne zu bewerten.

Sich Zeit nehmen und Dinge bewusst wahrnehmen – das können wir von unseren Vierbeinern lernen.

Sich gegenseitig Aufmerksamkeit zu schenken tut gut.

Beobachtung und Wertschätzung

Beobachten bedeutet, etwas zielgerichtet, bewusst anzuschauen und wahrzunehmen. Egal, ob es Objekte, Lebewesen oder Vorgänge sind. Dabei ist man achtsam für das, was gerade passiert. Auch das ist eine Form der Wertschätzung. Denn wenn ich etwas wertschätze, zeige ich dafür Interesse. Das kann mir nicht so wichtig sein, aber meinem Hund. Zum Beispiel ist mir die Pipi-Stelle des anderen Hundes unwichtig, ganz anders ist das bei meinem Hund ...

Hunde können so viele Dinge riechen, die wir nicht riechen oder sehen. Wir haben auch kaum keine Vorstellung davon, was sie tatsächlich alles riechen können. Doch wir bekommen eine Idee davon, wenn wir an die Personenspürhunde denken, die noch eine lange Zeit eine menschliche Spur von einer bestimmten Person verfolgen können und dabei alle alten Spuren und alle Spuren von anderen Personen ausschließen können.

Hunde sind in der Lage, in die Vergangenheit und in die Zukunft zu riechen!

Eine weitere Unterscheidung zwischen Menschen und Hunden ist, dass wir eher „Gewohnheitstiere“ sind. Heißt, wir gehen beispielsweise gerne, gerade wenn wir nicht viel Zeit haben, Strecken, die wir kennen und somit genau wissen, wo wir lang müssen. Schnell könnte man daraus schließen, dass es den

Vierbeinern ebenso geht. Dem ist aber nicht zwangsläufig so. Hunde mögen zwar sicherlich den gewohnten Spaziergang, wo es auch immer wieder unbekannte Gerüche zu entdecken gibt, aber sie lieben es auch einfach sehr, neue Strecken und somit Geruchswelten zu erkunden.

Hunde sind in der Lage, Zeit zu riechen: Gerüche, die sich über Nacht auf dem Boden festgesetzt haben, sind für sie von großem Interesse. Folglich können Hunde die Vergangenheit riechen. Oft wird dies mit Zeitunglesen verglichen. Die Hunde nehmen alle Informationen der letzten Tage mit großem Interesse auf. Sie erhalten so z. B. die Nachricht, wer in der letzten Zeit alles hier war. Aber sie können quasi auch in die Zukunft riechen. Schließlich riechen sie beispielsweise einen Artgenossen oder ein Eichhörnchen um die Ecke herum, bevor wir überhaupt sehen, wer da kommt. Gerade bei auf uns zu kommenden Hundebegegnungen könnten wir dieses In-die-Zukunft-Riechen gut nutzen. Das tun wir aber oft nicht, da wir unseren Hund nicht genau genug beobachten. Ist dem Hund die auf ihn zu kommende Hundebegegnung beispielsweise unangenehm, so wird er dies bereits körpersprachlich ankündigen, bevor man um die Ecke gegangen ist.

Hunde können mit ihren Nasen Unvorstellbares und in Reichenweiten riechen, die für uns fast schon magisch sind. Sie riechen zum Beispiel meterweit unter einer Schneedecke, ob dort ein Mensch verschüttet ist. Oder sie können Wasser riechen, lange bevor wir es sehen können. Sie können kilometerweit riechen – je nach Wind und Thermik bis zu 10 km weit!

Der Hund lebt in dieser Geruchswelt so intensiv und wir nicht. Daher vergessen wir oft, unseren Hunden im Alltag die Zeit und den Raum zu geben, sich diesen Gerüchen hinzugeben. Aber das können wir ja glücklicherweise ändern.

Gegenseitige Rücksichtnahme

Achtsamkeit ist im Übrigen keine Einbahnstraße. Nachweislich können Hunde lernen, dem Menschen gegenüber achtsam zu sein. Gegebenenfalls muss man es ihnen vermitteln. Meine Erfahrung ist, wenn ich meinem Hund Zeit und Raum gebe, dann ist es für ihn keine Frage, mir das auch zuzustehen: Wenn ich mit Esra spazieren gehe, sehe ich es nur zu gut, dass unsere Interessen ganz unterschiedlich sind. Sie liebt es, an besonders gut riechenden Stellen ausgiebig zu schnüffeln, während ich sehr gerne auf unse-

Gemeinsame Schnüffelerlebnisse sind sehr wertvoll.

rer gemeinsamen Runde fotografiere. Anfangs hat sie dann Unruhe ausgestrahlt bis hin zu einem energischen Ziehen an der Leine, wenn ich meine Fotos machen wollte. Auch wenn der eine oder andere darüber schmunzelt, rede ich mit meinem Hund in solchen Situationen in ganzen Sätzen: „Warte bitte, ich mag ein Foto machen." Und es hat nicht lange gedauert und Esra hat tatsächlich auf mich und meine Bedürfnisse Rücksicht genommen. Sie dreht sich dann in meine Richtung und wartet, bis ich mein Foto geschossen habe. Im Gegenzug bekommt sie ihre Zeit und ihren Raum, um ihren Interessen nachzugehen. Dabei rechnen wir nicht auf, wer mehr oder weniger hat, denn es gleicht sich immer irgendwie aus.

Apropos mehr oder weniger: Hunde sind da nicht anders als wir. Es wird mehr geschnüffelt, wenn etwas sehr interessant ist, sonst wird einfach kürzer geschnüffelt.

Mindset

Neben den Begriffen Achtsamkeit, Beobachtung und Wertschätzung ist die Einstellung zu bestimmten Dingen nicht unerheblich. Denn nur wer seine Einstellung, auch Mindset genannt, ab und zu für sich überdenkt, kommt aus dem Fahrwasser „Das habe ich immer schon so gemacht" heraus. Das eigene Mindset entsteht aus bisherigen Erfahrungen und Erlebnissen, kann aber glücklicherweise jederzeit um Neues erweitert werden. Manchmal ist es auch gar nicht neu, sondern durch die Schnelllebigkeit in den Hintergrund getreten oder nicht im aktuellen Bewusstsein. So können wir Denk- und Verhaltensmuster ändern, erneuern oder anpassen, wenn wir uns ihrer bewusst sind.

Gegenseitiges Verständnis für die jeweiligen Bedürfnisse kann wachsen wie eine Pflanze.

IMMER DER NASE NACH

Das primäre Organ Nase beim Hund wird in vielen Situationen eingesetzt. Dies geht schon auf seine Urahnen den Wolf zurück.

Auf Spurensuche – der Wolf

Der Hund ist und bleibt ein sehr beliebtes Familienmitglied. Oft vergessen wir dabei, wo der Hund seinen Ursprung hat: Alle Hunderassen stammen vom Wolf ab. Die Urahnen unserer Haushunde sind also klassische Raubtiere. Nachdem Hund und Mensch zunächst Rivalen bei der Jagd nach Nahrung waren, schlossen sie irgendwann einen Pakt, weil sie merkten, dass sie sich gegenseitig guttun. Was der Wolf als genauen Vorteil sah, ist leider nicht mehr nachvollziehbar. Vielleicht genügte es ihm, dass der Mensch einen Teil der Beute mit ihm teilte. Der Mensch hat schon früh den größten Vorteil des Wolfs erkannt: dessen vorzügliche Nase. So konnte der Wolf bei der Jagd Wildspuren erschnüffeln. Aus dem wilden Wolf wurde nach und nach unser heutiger Haushund. Und aus Menschen und Hunden sind die besten Freunde geworden.

Die positiven Eigenschaften des Wolfes hat der Hund bis heute übernommen. Sowohl den außergewöhnlichen Geruchs- und Gehörsinn, ebenso die hohe Kooperationsbereitschaft sowie den sozialen Zusammenhalt.

Wölfe wittern meistens ihre Beute, anstatt ewig lange Spuren zu verfolgen, um an Nahrung zu kommen. Sie durchlaufen ihr Revier mit einem zügigen Trab und versuchen dabei, Witterung aufzunehmen. Schnell lernen sie, welche Jagdtechniken zum Erfolg führen und setzen diese dann ausschließlich ein.

Olfaktorische Wahrnehmung

Olfactus ist der lateinische Begriff für Geruch, das Riechen. Kurz gesagt heißt riechen mit der Nase, somit mit dem Geruchssinn, einen Geruch wahrzunehmen. Dies kann oft sogar unbewusst geschehen, ohne dass der Mensch diesem Geruch wirklich eine Bedeutung zuordnet. Anders ist es, wenn etwas außergewöhnlich gut – wie ein neues Parfüm – oder etwas absolut schlecht riecht – wie ranzig gewordene Lebensmittel –, dann nehmen wir die Gerüche bewusst war und bewerten sie.

Neben Riechen werden einige Begriffe synonym verwendet, wie Schnuppern, Schnüffeln, Winden, Flehmen und Wittern. Ewas wittern nimmt bei der Beobachtung

Wir kennen die Dimension der Hundenase nur annähernd.

von Hunden, während sie ihre Nase einsetzen, eine relativ große Bedeutung ein.

Ursprünglich stammt der Begriff Wittern aus der Jägerspräche. Zum Beispiel wittert der Hund eine Spur oder das Wild. Weidmännisch heißt wittern, einen Geruch in die Nase zu bekommen. Eine häufige Situation, bei der man Wittern beobachten kann ist, wenn der Hund an einer Geruchsquelle vermeintlich schon vorbei ist, dann aber plötzlich den Kopf zu einer Seite dreht und einen Richtungswechsel zum Geruch vornimmt – ein sogenannter „Head-Turn". Anschließend taucht der Hund in die Witterung ein und gibt sich dem Geruch hin. Dabei ist es völlig unerheblich, ob er den Geruch kennt oder nicht – oder ob er für diesen Geruch einen Auftrag hat.

Flächenhunden wissen beispielsweise, wenn sie am Start ihr Startkommando hören, dass sie von nun an nach dem Geruch „Mensch" suchen sollen. Erfahrungsgemäß wurde in ihrer Ausbildung eine Verknüpfung – eine Konditionierung auf den menschlichen Geruch – vorgenommen. Sie wittern infolgedessen zukünftig nach diesem Geruch. Der Mensch verströmt ununterbrochen seinen Individualgeruch und je näher der Hund an den Menschen herankommt, kann er ihn wittern und letztendlich seinem Hundehalter anzeigen.

Drogenspürhunde werden ebenfalls darauf konditioniert, auf Kommando nach einer oder mehreren Sachen zu suchen. Je mehr Gerüche der Hund gelernt hat zu suchen und anzuzeigen, desto besser soll er werden. Während der Rettungshundeführer beim Flächenhund im Anzeigefall weiß, dass er einen Menschen gefunden hat, ist beim einer Anzeige eines Drogenspürhundes erst einmal „nur" klar, er hat etwas aus seinem erlernten Repertoire gefunden. Ob er eine Art oder mehrere Drogen gefunden hat, weiß sein Hundeführer erst, wenn er den Fund betrachtet hat.

Riechen kann aber auch verwendet werden im Sinne von „nach etwas riechen" bzw. einen Geruch ausströmen oder ausdünsten. Meistens verwenden wir, wenn wir etwas mögen, eher die Formulierung: „Du riechst aber gut", bei unangenehmen Gerüchen sagen wir eher: „Du dünstest etwas aus." Und nicht zuletzt gibt es die umgangssprachlich Version „Ich kann Person XY nicht riechen."

Kennenlernen über den Duft

Während beim Menschen das Riechhirn nur 1 % des gesamten Gehirns ausmacht, ist es beim Hund im Vergleich mit 10 % um ein Vielfaches größer. Daher haben Hunde einen viel größeren Bereich (Riechhirn), der für die Verarbeitung von Gerüchen zuständig ist.

Menschen hingegen haben einen anderen Vorteil gegenüber Hunden: Sie können im Gegensatz zu Tieren genau beschreiben, was sie wie riechen. Sie können z. B. sagen, welches Nasenloch beim Reichen als erstes oder stärker angesprochen wird.

Wenn Hunde sich gegenseitig beschnüffeln, dann ist dies eine Form der Kommunikation. Ein wenig ist dies zu vergleichen mit dem gegenseitigen Anschauen des Menschen. Aus Blicken kann zwischen zwei Personen gut ein Gespräch entstehen. Hier wird bereits der Unterschied der Primärorgane von Hunden und Menschen deutlich. Der Mensch nimmt meist seine Umgebung zuerst mit den Augen wahr, während der Hund zuerst die Nase einsetzt. Was nicht heißt, dass der Mensch nicht zugleich riecht und der Hund nicht gleichzeitig schaut. Treffen sich zwei Hunde, ist oft die erste Handlung zu erriechen, wie der andere Hund duftet. Dies kann gleichzeitig oder auch nacheinander stattfinden. Meistens wird das Schnüffeln im Genitalbereich gestartet.

„Die Nase in den Wind halten" ist eine bekannte Redensart. Sie bedeutet so viel, wie: Etwas beobachten, was gerade aktuell ist. Im Grunde sagt sie jedoch noch viel mehr aus, denn der Wind oder Luftzüge sind die Helfer, die die Gerüche in die Nase transportieren. Und dann geht es los. Wenn wir also unseren Hund beobachten wollen, ist es auf jeden Fall sinnvoll, der Hundenase bildlich zu folgen. Denn was der Hund erlebt, wird durch die Gerüche geprägt, die er empfängt.

Hunde riechen stereo

Die Hundenase ist kalt und feucht. Dies sind die besten Voraussetzungen für den Hund, optimal Gerüche aus der Umwelt wahrnehmen zu können. Schauen wir auf die Hundenase, fällt sofort auf, dass dort zwei Nasenlöcher sind. Aber im Vergleich zu der menschlichen Nase sind die Hundenasen stereoskopisch. Das bedeutet, jedes Nasenloch kann unabhängig vom anderen arbeiten. Dieses Stereoriechen oder die doppelte Riechfähigkeit bewirkt, dass die Hundenase der menschlichen Nase deutlich überlegen ist.

Sobald ein Hund beispielsweise ein Stück Käse mit dem einen Nasenloch riecht, kann das andere Nasenloch zeitgleich lokalisieren, wo sich dieses Käsestück befindet. Die Nase des Hundes kann also auch mehrere Geruchswelten oder Spuren gleichzeitig verfolgen.

Dieses Phänomen des Stereoriechens ist auch der Grund, warum Hunde Mantrailen können, also mittels eines Geruchsträgers eine menschliche Spur verfolgen, ohne stän-

Ein Geheimnis der Hundenase: Hunde können stereoriechen!

Der Mensch scannt die Umgebung zuerst mit den Augen – der Hund mit der Nase.

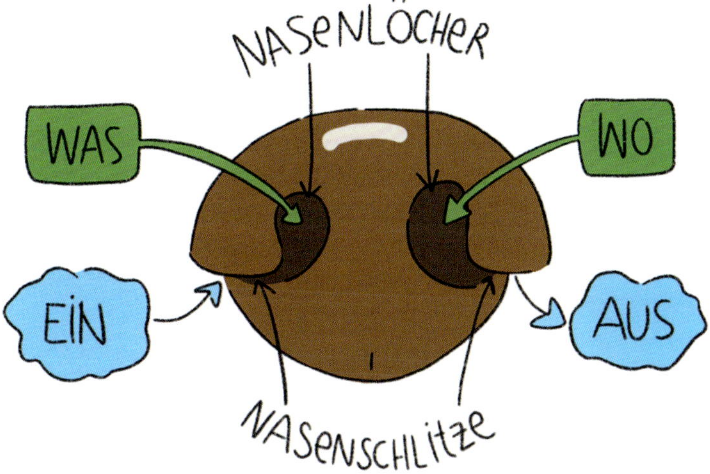

Die Hundenase ist ein absolutes Phänomen.

dig den Geruchsträger (Vergleichsgeruch) erneut unter die Nase gehalten zu bekommen. Das ist bei uns anders: Wenn wir Gerüche miteinander vergleichen wollen, müssen wir immer wieder an den beiden Gerüchen nacheinander riechen und können dies nicht gleichzeitig.

Hündinnen haben beim Schnüffeln von weiblichen Artgenossen übrigens eine Nasenloch-Präferenz. Sie nutzen überdurchschnittlich häufig das rechte Nasenloch. Rüden hingegen haben keine Nasenloch-Präferenz.

Blickt man genauer auf die Hundenase, so entdeckt man an der Seite Schlitze – ein weiterer Unterschied zur menschlichen Nase. Mit den Nasenlöchern atmet der Hund ein und mit den Schlitzen wieder aus. Durch diesen Mechanismus entsteht eine Zirkulation von Luft und Duftmolekülen. Dies trägt ebenso wie die Anatomie der Nase positiv zum Riechvermögen der Hunde bei. Bei diesem Vorgang kann die eingesogene Luft gut befeuchtet und schnell zu den Duftrezeptoren gebracht werden.

Ein Nasenloch ist bei der Geruchsaufnahme weiterhin für die Atmung zuständig, während das andere Nasenloch die Geruchsbestimmung übernimmt. Der Geruch trifft nun auf 300 Millionen Geruchsrezeptoren. Die menschliche Nase hingegen verfügt nur über 5 Millionen Geruchsrezeptoren.

Stimmungen am Geruch erkennen

Die Hundenase hat zudem noch einen Geruchsrezeptorexperten: das Vomeronasale Organ, auch Jacobsonsches Organ (siehe Seite 13). Dieses hat zur Aufgabe, ausschließlich Pheromone zu erkennen. So kann der Hund einschätzen, wie der emotionale Zustand von Menschen ist, ob er einen Freund oder Feind riecht, ob jemand krank ist. Hunde riechen anhand von Hormonausschüttung, ob der Mensch beispielsweise Stress

Erinnerung und Emotionen an vergangene Zeiten.

hat. Gerät der Mensch in einen Stress gibt, es grob zwei Verhaltensweisen von Hundetypen: Die einen ziehen sich merklich zurück und leben fast schon den Stress mit und die anderen werden umso stärker, um so vermeintlich schwächer der Mensch wird. Ferner können Hunde beispielsweise in manchen Fällen Krebserkrankungen riechen, bevor die klassische Medizin den Krebs erkennt.

Hunde erkennen also die Stimmung eines Menschen über dessen Geruch, der je nach Gefühl unterschiedlich ist. Diese Fähigkeit wird bei Assistenzhunden genutzt, wie etwa bei Diabetikerwarnhunden, die eine Unter- oder Überzuckerung am Duft des Diabetikers erkennen und ihn so warnen können. Bei Epileptikern können Hunde sogar in die Zukunft riechen, da sie einen kommenden epileptischen Anfall riechen, bevor er da ist.

Überdies erkennt der Hund einfache Stimmungswechsel sehr gut anhand unterschiedlich ausströmender Gerüche.

Es geht aber nicht nur um die Emotionen des Menschen, sondern auch um die des Hundes. Dadurch, dass das Riechhirn direkt mit dem Mandelkern des limbischen Systems, also mit dem Teil des Gehirns, das für die Emotionen zuständig ist, verbunden ist, sieht man, wie eng Gefühle und Gerüche miteinander verbunden sind. So ist es keine große Überraschung, wenn ausgehend von gemeinsamen Schnüffelspielen bis hin zur professionelleren Suchhundearbeit dadurch die Bindung zwischen Hund und Mensch enger wird. So dachte ich, bevor ich mit der Rettungshundearbeit angefangen habe, mehr Bindung zu meinen Hunden würde es nicht geben, aber ich wurde eines Besseren belehrt.

Denken wir an Freibadbesuche in der Kindheit zurück, kommen beim Einen oder Anderen sicherlich Erinnerungen an die unausweichlichen „Schwimmbad-Pommes“ hoch. Es ist egal, wo oder wann wir heute diesen Geruch wahrnehmen: Sofort ist eine Vielzahl von Erinnerungen und Emotionen präsent.

WARUM DIE HUNDENASE SO EINMALIG IST

Die Hundenase ist nicht nur einzigartig in ihrer Riechleistung, sondern auch in ihrer optischen Ausprägung. Zudem lernt sie lebenslang, sich zu verbessern.

Die Hundenase vom Welpen bis zum Senioren fördern

Manchmal vergessen wir, wie viel Auslastung die Hundenase braucht. Das fällt sofort auf, wenn wir dem Hund etwas hinhalten und sagen: „Guck mal!" anstatt „Riech mal!".

Am besten sollten Sie bereits ab dem Welpenalter das Bedürfnis zu schnüffeln aktiv unterstützen. Zudem es ist wissenschaftlich erwiesen, dass je mehr die Hundenase zu tun bekommt, sie sich desto besser entwickeln kann. Doch gerade, wenn ein Welpe frisch eingezogen ist, ist es manchmal gar nicht so einfach, die Geduld dafür aufzubringen. Dann ist es sinnvoll, die Gassi-Runde lieber kürzer, aber schnüffelintensiver zu gestalten. Gleichzeitig wird durch den Einsatz des geruchlichen Sinns nämlich der Geist ausgelastet, sodass Ihr Welpe am Ende des Tages zufrieden und durchaus müde ist.

Aber nicht nur für Welpen ist das Schnüffeln eine gute Auslastung, sondern genauso für Hunde im Seniorenalter. Denn je älter ein Hund wird, desto kleiner wird sein Bewegungsdrang, aber dennoch möchte er ausgelastet sein. Hierfür eignen sich kurze und intensive Schnüffeltouren wunderbar. Nasenarbeit macht in jedem Alter Spaß und ist eine sinnvolle und nicht zu unterschätzende Beschäftigung.

Silberschnauzen lieben Schnüffeltouren in ihrem eigenen Tempo. Und wenn sie ausgeruht sind.

Die Individualität der Hundenase ist: einmalig.

Die Lakritz-Nase

Die Hundenase ist nicht nur wahnsinnig faszinierend, sondern überdies absolut einzigartig. Die meisten Hundebesitzer werden an dieser Stelle zustimmend nickend. Ab und zu wird sie Lakritz-Nase genannt, was auf die oft dunkle bzw. pechschwarze Nase des Hundes zurückzuführen ist. Es ist eine humor- und liebevolle Art, die Hundenase zu beschreiben. Auch die kleinen Rillen auf der Nase erinnern an die Lakritz-Schnecken eines großen bekannten Süßwarenherstellers. Die sind in ihrer Form und Anordnung ebenfalls einmalig, genauso wie der Fingerabdruck des Menschen. Denn jede Nase gibt es nur einmal. Der individuelle Nasenabdruck identifiziert jeden Hund, vorausgesetzt es gibt einen Vergleichsabdruck.

AUF DEN HUND GEBRACHT

Ein Hundenasenabdruck ist so einmalig, einzigartig und individuell wie ein menschlicher Fingerabdruck.

Es gibt mittlerweile sogar Apps, bei denen der Hundehalter die Nase seines Hundes registrieren lassen kann, um so im Fall, dass der Hund vermisst und gefunden wird, seinem Besitzer zuzuordnen ist, falls der Finder kein Chip-Lesegerät zum Auslesen des Chips hat. So oder so lohnt es sich, die Hundenase immer mal wieder genauer anzuschauen. Denn diese kann ebenfalls ein Indikator für den Gesundheitszustand des Hundes sein.

Der Hund hat eine Idee von dem, was er riecht, schon bevor er es sieht.

Hunde haben Geruchsbilder

Hunde können nicht nur unheimlich viel mehr und viel intensiver als wir Menschen riechen. Die Wissenschaft hat mit Experimenten auch herausgefunden, dass Hunde ein Bild von dem haben, was sie am Ende einer Spur erwartet. Erfahrungsgemäß werden ihre Geruchseindrücke direkt zu einem mentalen Bild in ihrem Kopf umgewandelt. Man könnte es auch Geruchsbilder nennen. Ein einfaches Beispiel dafür sind die Spuren der Spielzeuge der Hunde. Verfolgt ein Hund die Spur, die ihn zu einem seiner Spielzeuge führt, weiß er von Suchbeginn an, welches Spielzeug ihm am Ende erwartet.

Das Experiment wurde sowohl mit Amateur- als auch Profischnüfflern durchgeführt. Sprich, die einen waren einfach „nur“ Familienhunde und die andern waren von Behör-

Ein Baum bietet verschiedene Geruchserlebnisse an unterschiedlichen Stellen.

den- oder Rettungshundestaffeln als Suchhunde ausgebildet. In einem Vortest wurde herausgefunden, welche zwei Spielzeuge die Lieblingsspielzeuge der Hunde sind. Mit einem der beiden Lieblingsspielzeuge wurde dann eine Geruchsspur durch einen Raum gezogen. Am Ende der Spur war dann entweder luftdicht verpackt das Spielzeug, mit dem die Spur gelegt wurde, oder das andere Lieblingsspielzeug.

Wenn das andere Spielzeug gefunden wurde, das nicht zur Spur passte, gab es bei den Hunden einen Überraschungseffekt. Dieser wurde mit einem zögerlicheren Hingehen und Aufnehmen des Spielzeuges beschrieben. Dieses Zögern verschwindet allerdings, je häufiger der Test durchgeführt wurde. Es tritt demnach ein gewisser Lerneffekt ein.

Während die Profischnüffler zu Beginn die Tests schneller absolvierten, holten die Amateure sehr bald auf und waren genauso gut, was ebenfalls für einen sehr guten Lerneffekt spricht.

Ein Hund muss nicht ein Profi sein, um als Hund seine Nase optimal einsetzen zu können. Dies zeigt sich immer wieder im Alltag. Denn es kommt häufig vor, dass vermisste Menschen oder Leichen nach einem Tötungsdelikt von Familienhunden scheinbar zufällig gefunden werden. Es stimmt sicher, sie hatten keinen Auftrag zum Suchen von ihren Menschen. Aber jeder Hund setzt seine Nase ein, wenn er die Gelegenheit dazu bekommt. Deswegen finden sich häufig Berichte zu dieser Art von Funden in der Presse.

Einsatzhunde können hingegen nur finden, wenn sie am richtigen Ort sind bzw. gebracht werden.

Geruchszonen: unten, Mitte, oben

Oft riechen Hunde zuerst relativ bodennah, das heißt alles, was ihnen geruchstechnisch am Boden in die Nase weht, wird untersucht. Aber auch die Gerüche, die sich auf Nasenhöhe befinden, werden schnell interessant. Besonders, wenn dort ein Artgenosse seine Markierung hinterlassen hat. Dass die Gerüche aber auch oberhalb der Nase als spannend erkannt werden, bedarf manchmal ein wenig Übung mit sogenannten Hochverstecken (siehe Seite 85).

Die drei Geruchszonen: unten, Mitte, oben.

Es riecht nach Regen

Gerade wenn es lange nicht geregnet hat und die Natur ziemlich trocken ist, kennen wir den „Regenduft", wenn es dann einmal wieder regnet. Aber warum ist das so? Wasser ist doch geruchsneutral. Forscher haben das Geheimnis lüften können. Pflanzen produzieren, während es trocken ist, ein gelbliches ätherisches Öl. Zusätzlich produzieren Bakterien im Boden, wenn es feucht wird, ein Alkohol namens Geosmin. In Kombination mit Staub auf Steinen, dem ätherischen Öl und Geosmin entsteht der sogenannte „Regengeruch". Ein kleiner weiterer Funfact am Rande: Für Menschen, die diesen Geruch besonders lieben, stellt die Industrie mittlerweile Duftkerzen mit diesem Geruch für zu Hause her.

Beim Mantrailing, also bei der Personensuche nach einem bestimmen Menschen anhand seines Individualgeruches, spielt Regen, Wasser und Tau bzw. Raureif ebenfalls eine nicht zu unterschätzende Rolle. Denn Feuchtigkeit scheint den zu suchenden Geruch aufzufrischen. Meine Erfahrung aus vielen Trainingseinheiten und Realeinsätzen zeigt, am effektivsten können Mantrailer bei ca. 20 °C, leichtem Nieselregen und wenig Wind suchen. Das Wasser scheint den menschlichen Geruch regelrecht aufzufrischen.

Regen ist etwas, was (sogar) wir Menschen riechen können.

Wetter: Thermik, Sonne, Schatten, Wind und Temperatur

Thermik an sich entsteht durch unterschiedlich starke Erwärmung der Luftschicht, die sich unmittelbar am Boden befindet. Ab Mitte/Ende Februar ist tagsüber die Erwärmung des Bodens, wenn es nicht schneit, schon über 0 °C und es gibt somit einen Temperaturüberschuss, der für eine Thermikentwicklung sorgt. Im Frühjahr steigt der Überschuss an und erreicht seinen Höhepunkt im Sommer, während er im Herbst mit dem Sonnenstand wieder abnimmt. Je nachdem wie bodennah die Luftschichten sind, umso mehr verwirbeln sie. Größerer Verwirbelungen führen zu mehr Wind.

Der Wind sind die Luftteilchen, die sich bewegen. Die Luftströmungen bewegen sich sowohl vertikal als auch horizontal und je nach Geschwindigkeit und Richtung sind die

Bewegungen unterschiedlich stark. Wir müssen nicht genau verstehen, wie Thermik zu verschiedenen Jahreszeiten funktioniert. Wichtig ist nur zu wissen, dass durch unterschiedliches Wetter Geruch sich unterschiedlich verhalten kann: Durch den Einfluss von Temperaturen, Wind, Sonne oder Schatten kann der Geruch unterschiedlich stark sein und ist somit mal schneller oder mal langsamer für den Hund wahrnehmbar. Es gibt grob gesagt vier Geruchs-Jahreszeiten.

Geruchs-Jahreszeiten

Jeder Mensch hat seine Präferenzen bei den Jahreszeiten, die einen lieben den Sommer mehr als den Winter und bei anderen ist es genau andersherum. Oder man liebt zwar die bunten Blätter im Herbst, allerdings nur, wenn es nicht zu windig ist. Andere mögen alle vier Jahreszeiten gleich. Bei Hunden ist es ähnlich. Die einen sind wahre Winterhunde, die andern lieben die Hitze im Sommer.

Was jedoch für alle Hunde gleich ist: Die Jahreszeiten haben unterschiedliche Gerüche und Vor- und Nachteile, was zu riechen

Je nach Temperatur kann das Schnüffelerlebnis unterschiedlich sein.

Die Jahreszeiten zeigen die Vielfältigkeit von Gerüchen auf.

ist. Der Winter ist wahrscheinlich das Geruchshighlight für die Hunde, zumindest was die Länge der Wahrnehmbarkeit angeht. Aber in der winterlichen Geruchswelt kann der Hund die Gerüche nicht nur länger wahrnehmen, sondern auch um einiges besser. Es scheint eine Art von Konservierung der Gerüche zu geben, durch die winterliche Kälte und den veränderten Luftdruck.

„Eines Morgens riechst du den Herbst. Es ist noch nicht kalt; es ist nicht windig: Es hat sich eigentlich gar nichts geändert – und doch alles."
Kurt Tucholsky

Schneit es beispielsweise über eine Urin-Stelle, wird dort der Geruch wie „eingefroren" festgehalten. Taut es dann wieder, ist die Stelle wieder sehr gut für den Hund zu riechen.

Im Frühjahr riecht alles wieder frisch und klar. Der Morgentau frischt scheinbar Gerüche auf. Nicht umsonst spricht man hier von den aufkommenden Frühlingsgefühlen. Die Flora und Fauna erwacht aus ihrem Winterschlaf. Da gibt es viel mit der Nase zu entdecken. Je nach Umgebung gibt es wieder eine Menge mehr interessante Tierspuren und insbesondere verschiedene Wildspuren.

Der Sommer dagegen lässt Gerüche viel schneller verflüchtigen. Kurzfristig scheinen dafür die Gerüche noch intensiver und kräftiger zu sein.

Im Herbst riecht der Boden leicht moderig und feucht. Igel und Co suchen nach den passenden Winterquartieren. Das Wild besucht wieder die Futterstellen. Rehspuren tauchen überall auf. Die neue Feuchtigkeit im Gegensatz zum trockenen Sommer lässt die Hunde auf Hochtouren ihre Nase einsetzen. Auch der Herbst hat seinen ganz eigenen Geruch für unsere Vierbeiner. Ein wahres Geruchsfeuerwerk für die Hundenase.

Das Jahreszeiten-Phänomen in Bezug auf das Suchen von menschlichen Spuren zeigt sich auch bei den Einsätzen mit Personenspürhunden: Während ich bei Minusgraden mit Handschuhen kaum die Schleppleine vernünftig festhalten konnte, sind die Spuren für die Hunde klar und deutlich zu erschnüffeln. Im Sommer hingegen war nicht die Außentemperatur, also die gefühlte Hitze, die Herausforderung, es machte eher den Eindruck, dass der zu suchende menschliche Individualgeruch von der Wärme wie umhüllt und so schwerer zu finden war. Mittags ist im Sommer die schwierigste Suchzeit, während man nachts noch einigermaßen gut suchen kann.

Für uns Menschen riechen die verschiedenen Jahreszeiten ebenfalls unterschiedlich.

Für Hunde hat jede Jahreszeit ihren Reiz. Manche haben jedoch Jahreszeiten-Präferenzen.

HUNDE SETZEN IHRE NASE SEHR VIELFÄLTIG EIN

Der Hund kann seine Nasenleistung ganz unterschiedlich einsetzen. Dies kann er sich in den unterschiedlichsten Situationen zunutze machen.

Die kalte Hundenase kann Wärme riechen

Die feuchte, kalte Hundenase scheint in der Lage zu sein, Wärme zu riechen. Somit kann der Hund schwache thermische Strahlung mit seiner Nase aufnehmen. Diese Fähigkeit der besonderen Sinneswahrnehmung könnte zusätzlich bei der Suche nach vermissten Menschen eine Rolle spielen. Denn der menschliche Körper verfügt über eine gewisse „warme" Temperatur.

Die kalte Hundeschnauze riecht Wärme.

Das menschliche Geruchs-Gedächtnis

Die Grundvoraussetzung für Lernen ist ein Gedächtnis, denn es benötigt informationsverarbeitende Strukturen und eine Form von Speicherkapazität. Die abgelegten Informationen können so wieder hervorgerufen werden.

Die olfaktorische Wahrnehmung beim Menschen scheint auf den ersten Blick eine geringere Rolle einzunehmen als die anderen Sinne. Wir erkennen jedoch nicht nur den Regenduft gleich wieder, wir erinnern uns bei bestimmten Gerüchen an bestimmte Zeiten oder Erlebnisse. Riechen wir Zimt, erinnert uns das meist sofort an Weihnachtsgebäck und wir empfinden dazu auch direkt eine bestimmte Emotion. Düfte können lebhafte Erinnerung wecken. Unser Geruchssinn ist tief in unserem emotionalen Gedächtnis verankert. Genauer gesagt ist der Speicherungsort aller Dufterfahrungen im limbischen System. Dazu haben Gerüche einen direkten Draht von der Nase in unsere Zentrale. Die Riechzellen, unsere olfaktorischen Rezeptorneurone in der Nasenhöhle, reichen bis zum Riechkolben des Gehirns.

Wir können nur nacheinander und nicht gleichzeitig riechen.

Hunde riechen das „Wieviel"

Wenn Hunde auf mehrere Geruchsquellen stoßen, die eine unterschiedliche Menge beinhalten, können sie das unterscheiden. Dies hat ein Experiment mit Futter gezeigt, bei dem die Hunde, verdeckt unter Behältnissen, verschiedene Futtermengen zur Auswahl hatten. Beispielsweise lag unter dem einen Topf eine Scheibe Wurst, während unter dem anderen Behälter fünf Scheiben Wurst waren. Dabei fällt es den Hunden leichter, Mengen zu unterscheiden, die weiter auseinander liegen. Außerdem präferieren Hunde bestimmtes Futter, wenn zum Beispiel frische Wurst gegen Trockenfutter getestet wurde. Hunde haben demnach absolute Präferenzen für bestimmte Dinge und schließlich ist mehr nicht immer besser (siehe Übung Seite 101).

Unbeliebte Düfte und Gerüche

Unsere Hunde sind Nasentiere und lieben selbst Düfte, die wir so gar nicht mögen und können von diesen nicht genug bekommen, bis dahin, dass sie sich voller Enthusiasmus darin wälzen. Dabei handelt es sich um Dinge, von denen wir uns eher fernhalten, wie Kadaver, Kot oder Erbrochenem. Wenn wir die Hunde nach so einem Wälzvergnügen waschen und vielleicht sogar shampoonieren wollen, ist dies eigentlich nicht im Sinne der Vierbeiner. Deswegen kann es sein, dass sie sich frisch geduscht direkt wieder wälzen, um ihren „Hundegeruch" wieder zurückzuerhalten.

Schnell vergessen wir allerdings, dass Hunde natürlich auch eine Abneigung gegenüber bestimmten Gerüchen haben. Unter anderem mögen sie keine Zitrusfrüchte, scharfe Gewürze, Mottenkugeln, ätherische Öle und Essig. Dies sollten wir im Hinterkopf behalten, wenn wir mit Hunden zusammenleben oder sie am gemeinsamen Essen teilhaben lassen. Auf Duftlampen mit chemischen

Düften sollten wir daher auch besser verzichten und uns lieber natürliche Düfte ins Haus holen.

Hunde sind in Bezug auf Dinge, die sie nicht mögen, in ihren Reaktionen oft sehr eindeutig. Es kann sein, sie schnauben, ziehen die Lefzen hoch, kneifen die Augen zu, beginnen zu niesen oder reiben ihre Nase an Gegenständen.

Hunde können sich Gerüche merken.

Das olfaktorische Arbeitsgedächtnis von Hunden

Hunde haben eine großartige Fähigkeit sich Gerüche zu merken. In Versuchen hat sich herausgestellt, dass Hunde innerhalb einer Übung in der Lage waren, sich 72 verschiedene neue Düfte zu merken.

Dies zeigt sich auch beim Mantrailing. Individualgerüche scheinen direkt im Geruchsgedächtnis gespeichert zu werden. Denn bei Personen, die die Hunde schon mal gesucht haben, riechen sie kürzer und weniger am Geruchsartikel als bei unbekannten Menschen. Dies spricht dafür, dass sie bei bekannten Gerüchen entweder den Duft nur abgleichen oder gedanklich ein wenig auffrischen.

Gut kann man das Geruchsgedächtnis von Hunden auf Spaziergängen beobachten. Wenn der Hund zum Beispiel auf dem letzten Gang eine längere Zeit einen Stock getragen hat, diesen dann allerdings zurücklassen musste, wird er vermutlich genau diesen Stock bei der nächste Runde zielsicher wieder finden. Selbst wenn dazwischen ein längerer Zeitraum von Wochen liegt. Gleiches gilt, wenn der Hund auf einem Spaziergang erfolgreich etwas im Busch wie einen weggeworfenen Apfelrest oder etwas anderes Essbares gefunden hat. In diesem Fall wird er beim nächsten Mal nachschauen, ob er an dieser Stelle erneut etwas Leckeres finden kann. Denn Hunde scheinen sich ihren Geruchserfolg sehr gut merken zu können. Dies ist bei Profi-Schnüfflern gut zu beobachten. Trainieren sie an gleichen Orten und wurden sie beispielsweise manchmal hinter einer Tür mit einem Fund belohnt, werden sie bei einer erneuten Suche an dieser Stelle prüfen und schauen, ob es sich wieder lohnt.

Markieren

Wer sich mit dem ausgiebigen Schnüffeln von Hunden beschäftigt, der kommt um das Thema Markieren nicht herum. Zunächst denkt man an ein territoriales Verhalten. Der Hund schnüffelt an einer Stelle besonders

Auch Hunde mögen nicht jeden Geruch.

Urin-Absatz ist unter Hunden eine Form der Kommunikation.

intensiv und pinkelt dann über diese Stelle. Oder er benötigt grundsätzlich ziemlich lange, um das richtige Plätzchen für den Urin-Absatz zu finden. Er sucht demnach eine strategisch perfekte Stelle, um sein Revier zu markieren. Manchmal pinkeln Hunde tatsächlich gerne über den Kothaufen von anderen Hunden. Dieses Markierungsverhalten nutzen die Hunde als olfaktorisches Kommunikationsmittel untereinander. Es ist demnach eine wichtiger Teil im in ihrem Sozialverhalten.

Ferner kann das Markieren zur Orientierung im Revier dienen. Dies ist allerdings bei unseren Haushunden nicht mehr so oft der Fall, sondern wurde mehr von den Wolfsvorfahren genutzt. Manchmal markieren die Hunde auch, um ihre Zusammengehörigkeit

Hunde lesen auch Zeitung, um auf dem neusten Stand zu sein.

zu zeigen, beispielsweise wenn Hunde aus einer Gruppe an derselben Stelle urinieren, ohne dabei Imponiergehabe zu zeigen. Markierungsverhalten zeigen sowohl Rüden als auch Hündinnen.

Hunde sind übrigens wahre Akrobaten beim Markieren. Je höher, desto besser – denn so erhofft sich der Hund eine noch schnellere und bessere Wahrnehmung seiner hinterlassenen Duftnote. Der Urinabsatz findet häufig auf der Höhe der Hundenase des Artgenossen statt, so kann dieser noch schneller den Duft wahrnehmen und genauer beschnüffeln.

Der Schnüffelsound

Die normale Atemfrequenz von Hunden in Ruhe liegt bei 15 bis 30 Atemzügen. Dabei zählt das Ein- und Ausatmen als ein Atemzug. Während der Hund hechelt, kann die Atemfrequenz hingegen deutlich höher sein. Ebenso, wenn er aktiv einer Sucharbeit nachgeht, dann kann er bis zu 300 Atemzüge in der Minute durchführen. Diese sind nicht gleichmäßig in der Frequenz und in der Intensivität. Dies wird sichtbar, wenn der Hund beim Schnüffeln tontechnisch aufgenommen wird. Anhand der unterschiedlichen starken Ausschläge sieht man in der Abbildung sehr schön, wie unterschiedlich die Nase eingesetzt wird. Ebenso ist die Lautstärke beim Riechen verschieden, mal lauter und mal leiser. Die Atemfrequenz in einer Ruheposition bei einem erwachsenen Menschen liegt hingegen nur bei 10 bis 15 Atemzügen in der Minute.

Die beim Riechen erhöhte Atemsequenz begründet unter anderem den erhöhten Wasserbedarf bei Hunden, wenn sie so stark ihre Nase einsetzen. Deswegen ist es sehr wichtig, unabhängig von der Außentemperatur, dem Hund immer genügend Wasser anzubieten und bereitzustellen. Gerade im Winter denken wir nicht automatisch daran, dem Hund genügend Wasser für den Durst und zum Befeuchten der Nase zur Verfügung zu stellen (siehe Übung Seite 97).

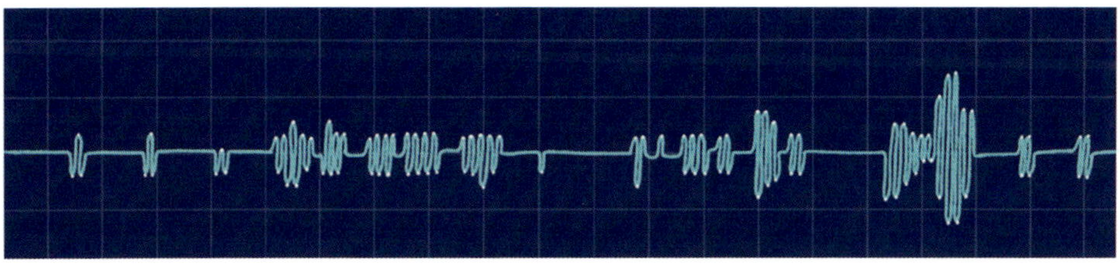

Der Schnüffelsound macht die Schnüffelsequenzen sichtbar.

JEDER HUND KANN ANDERS SEIN

Hunde sind beim Schnüffel ganz unterschiedliche Typen und Charaktere. Manches ist dabei wie Kleingedrucktes und es macht besonders Freude, dies bewusst zu beobachten.

Einige Hunde suchen bevorzugt sehr bodennah mit ihrer Nase.

Hundetypen und Suchtypen

Es gibt die unterschiedlichen Charaktere unter den Hunden. Grob gesagt sind sie alle Nasentiere, aber der eine mehr und der andere weniger. Ein Hundetyp ist der „Immer-Schnüffler“, dieser Typ könnte gefühlt 24/7 Schnüffeln und er interessiert sich für alle Gerüche, die er lokalisieren kann. Dieser Typ liebt meist genauso die gemeinsame Nasenarbeit mit seinem Menschen, aber er kann sich auch weiterhin alleine und ausdauernd der Schnüffelei hingeben.

Dann gibt es den Hundetyp „Jäger“. Er favorisiert besonders Wildspuren, auch ohne dass er das Wild gesehen hat. Meistens lernt er früh vom Menschen, dass – es sei denn er ist „beruflich“ bei einem Jäger unterwegs – dieses Verhalten eher unerwünscht ist. Sein Suchverhalten ist oft eine Art Zick-Zack-Suche, um möglichst viele Spuren wahrzunehmen. Und hat er sich für die Verfolgung einer Spur entschieden, dann gäbe es, ohne den Hund angeleint zu haben, kein Halten mehr für den Vierbeiner.

Der Hundetyp „Stur“ wird oft falsch eingeschätzt und ist nicht immer einfach zu lesen bzw. zu handeln. Deshalb gelten diese Hunde oft als schwierig, nicht ansprechbar und versunken in ihrer eigenen Welt. Sie bewegen sich beim Schnüffeln nur langsam vorwärts. Vielleicht sind sie auch ein wenig mit ihrer Umwelt überfordert. Sollte dies der Fall sein, muss man schauen, mit welchem Weg man sie aus diesen Stresssituationen herausholen kann. Wenn der Hund in dieser Situation nicht fressen mag, sind Leckerchen eher nicht die richtige Wahl. Vielleicht lässt er sich aber durch leichte Berührungen oder verbal aus dem für ihn schwierigen Moment „befreien“.

Hunde sind unterschiedliche Schnüffeltypen

Hunde können von Haus aus unterschiedlich in ihrem Schnüffelvorgehen sein. Die einen sind eher ruhig bei der Suche und es sieht aus, als wenn sie einfach so nebenbei suchen. Andere sind sehr aufgeregt bei der Suche, man könnte schon fast sagen, sie sind äußerst hektisch. Zusätzlich hat dies mit dem Erregungsfaktor und mit der Motivation zu tun.

Der Begriff Motivation stammt vom lateinischen Begriff *movere* ab, was übersetzt bewegen heißt. Dabei unterscheidet man zwischen eigen- und fremdmotivierten Hunden. Der eigenmotivierte Hund verfolgt selbstgesteckte Ziele. Dazu benötigt er keinen externen Antrieb oder Ermutigung beispielsweise durch seinen Hundeführer. Zielstrebig zu einer „Pipi-Stelle“ eines Artgenossen zu laufen ist beispielsweise eigenmotiviert.

Ein fremdmotivierter Hund hingegen macht etwas nicht aus eigenem Antrieb, sondern angetrieben durch seinen Hundeführer oder durch das, was der Hundeführer ihm anbietet. Die Motivation kommt von außen. Wenn wir dem Hund allerdings etwas Spannendes zum Schnüffeln zeigen, kann es durchaus sein, dass er beim nächsten Mal eigenmotiviert an diese Sache herangeht.

Die Hundenase kann noch besser werden, je mehr Geruchsbilder konditioniert werden.

Ob der Hund immer eigen- oder fremdmotiviert ist oder in seinem Verhalten wechselt, ist oft situationsabhängig. Gerade bei Spaziergängen ist das Beobachten der Motivationslage eine äußerst spannende Angelegenheit.

Im Bereich der Profischnüffler wählen die Hundeführer hingegen immer eigenmotivierte Hunde im Bereich Suchen aus, da mit diesem Hundetyp die Ausbildung um einiges einfacher ist.

> „Das wahre Geheimnis des Erfolgs ist Begeisterung."
> Walter Percy Chrysler

Ob mit Auftrag oder ohne, beginnen Hunde größtenteils mit einer Grobsuche. Sie scannen so den Bereich ab, in dem sie unterwegs sind und versuchen dabei, in eine Witterung des Geruchsbildes einzutreten. Wenn sie auf ein bestimmtes Geruchsbild konditioniert sind, zum Beispiel auf Drogen, wird erfahrungsgemäß erst in einer Grobsuche gesucht. Tritt der Hund in das von ihm gesuchte Geruchsbild ein, so geht er in die Feinsuche über, um den genauen Ort der Drogen zu suchen.

Bei Familienhunden können wir das gleiche Phänomen beobachten. Häufig stoppt der Hund aus dem Nichts heraus und fängt an, in derselben Richtung genauer zu suchen. Außerdem folgt anschließend auf ein grobes Scannen einen Feinsuche, bis der Hund genau lokalisiert hat, wo die Geruchsquelle ist, die ihn interessiert.

Sowohl im Profi- als auch im Hobbybereich ist beim Schnüffeln insbesondere eine Teamarbeit gefragt. Gemeinsam sucht es sich manchmal zielführender. Wenn der Hund beispielsweise einen hohen Motivations- oder Erregungsfaktor hat, kann es sein, dass er nicht eigenständig aus der Grobsuche, meistens ohne Leine freisuchend, in die gezielte Feinsuche kommt. Dann kann der Hundehalter den Hund anleinen und ihm einen begrenzten Bereich zur Verfügung stellen. Dabei ist immer oberste Prämisse, den Hund nicht zu beeinflussen, indem der Mensch zum Beispiel immer auf dem Punkt stehenbleibt, wo der Hund fündig werden könnte. Im Freizeitbereich ist es offensichtlich, dass die Hundenase die bessere ist. Wir wissen vielleicht gar nicht, wonach der Hund in diesem Moment gerade sucht.

Körpersprache von Mensch und Hund

Schauen wir uns vorab kurz die Körpersprache des Menschen an. Unter dem Begriff Körpersprache fallen weitere Begriffe und Handlungen, wie Körperhaltung, Gestik, Mimik und Bewegung. Die Körpersprache ist eine Form der nonverbalen Kommunikation. Dabei kann der Körper bewusste und unbewusste Signale senden.

Ausgiebige Schnüffeltouren nehmen Zeit in Anspruch.

> „Man kann nicht nicht kommunizieren."
> Paul Watzlawick

Auch wenn man nicht nicht kommunizieren kann, kann aber nicht zuhören oder sogar unbewusst körperliches Desinteresse zeigen. Dies hat mit der nonverbalen Kommunikation untereinander zu tun, die im Gegensatz zur verbalen Kommunikation weiterhin häufig unterschätzt wird. Ihr wird oft zu wenig Bedeutung beigemessen.

Mit der nonverbalen Kommunikation ist all das gemeint, was über das gesprochene Wort hinausgeht: unsere Mimik, unsere Körperhaltung und das, was wir ohne verbale Sprache ausdrücken. An der der Mimik kann ein Gegenüber bereits einen Hinweis auf unseren Gemütszustand erhalten. In der nonverbalen Sprache spricht also unser Körper lautlos, aber nicht weniger intensiv – gerade Hunden gegenüber.

Denn schnüffelt unser Hund an einer für ihn sehr interessanten Stelle und wir drehen uns – vielleicht sogar unbewusst – weg, heißt dies zum einen, uns interessiert die Stelle nicht. Das kann so sein und ist dem Hund unter Umständen nicht so wichtig. Aber das Wegdrehen bedeutet ebenfalls, es ist mir nicht wichtig, dass der Hund an der

Hunde sind von Natur aus Spezialisten im Lesen der „menschlichen Hundesprache".

Stelle schnuppert und eigentlich will ich es gar nicht. So kommt es zumindest bei dem Hund körpersprachlich an. Deswegen sollten wir viel häufiger und vor allem bewusster unsere nonverbale Sprache und somit unseren Körper einsetzen.

Dem Hund zugewandt können wir zudem seine Körpersprache beobachten, wenn er ausgiebig schnüffelt. Dabei sollte die Leine nicht auf Spannung sein, sondern der Hund soll genügend Freiraum für seine Aktivität haben.

Grundfragen können sein:

› In welcher Form ändert sich die Körpersprache des Hundes beim Schnüffeln?
› Wie verändert sich die Körpersprache, wenn der Hund einen unangenehmen Artgenossen riecht, ohne ihn bereits sehen zu können?
› Bekommt der Hund das menschliche Interesse an seiner Aktivität mit?

Welche Menge an Geruch braucht es eigentlich?

Hunde können Gerüche in so minimaler Konzentration wahrnehmen, die für uns fast unvorstellbar ist: Sie sind in der Lage ein einziges Duftmolekül aus einer Billion anderer Moleküle herauszuriechen. Dadurch können sie auch sehr komplexe Duftmischungen unterscheiden.

Sprengstoffhunde nehmen Sprengstoffe im Pikogramm-Bereich wahr: Ein Pikogramm ist sehr leicht und würde man diesen Anteil in Gramm darstellen, hätte diese Zahl 12 Nullen.

Wenn ein Personenspürhund in 90 Grad auf eine menschliche Spur trifft zu dem Vergleichsgeruch, den er suchen soll, dann benötigt er lediglich fünf Fußabdrücke des Menschen, um zu entscheiden, in welche Richtung dieser gegangen ist. Bedenkt man dazu noch, dass wir Menschen pro Schritt nur ca. 2 Sekunden benötigen, ist die Zeitraum, in dem wir den Individualgeruch verlieren, sehr gering.

Jeder Fußabdruck in die Richtung, in die der Mensch geht, wird geruchlich frischer. Da der Hund dem Konzept beim Suchen eines Menschen – frisch, frischer und am frischesten – folgt, ist der Personenspürhund in der Lage, vermisste Menschen zu finden. Jegliche Versuche, den menschlichen Individualgeruch zu überdecken in Form von Parfüm, Panzerband oder anderen Gerüchen und so nicht mehr „suchbar“ zu sein, sind bis jetzt fehlgeschlagen.

Warum kratzen Hunde manchmal auf dem Boden?

Hunde benutzen ihre Pfoten, und damit ihren Fühl- oder Tastsinn, nicht nur, um etwas zu fühlen, sondern sie hinterlassen beim Scharren, zum Bespiel, wenn sie ihr Geschäft erledigt haben, über ihre Pfoten Nachrichten für ihre Artgenossen. Zum einen visuell, da der aufgescharrte Boden sichtbar ist. Zum anderen aber auch olfaktorisch, denn der aufgescharrte Boden an sich riecht schon anders und die Pfoten des Hundes hinterlassen beim Scharren aus den Schweißdrüsen ebenfalls einen zusätzlichen Geruch.

Manchmal kratzt der Hund wiederum weiter am Boden, um noch genauer an den für ihn interessanten Geruch zu kommen. Es

Aufgewühlte Erde bringt Geruch zum Vorschein.

ist kein richtiges Buddeln, sondern der Hund schiebt nur den Boden ein wenig zur Seite. Sollte dies nicht ausreichen und der Hund ist weiterhin an der Stelle interessiert, dann kann es auch ins Buddeln übergehen.

Haben Hunde einen eingebauten Kompass?

Die Navigation des Hundes findet hauptsächlich über die Nase und die Ohren statt. Es kann sein, dass zusätzlich der Magnetsinn eine Rolle bei der Orientierung spielt. Wieder etwas zum Schmunzeln: Wenn Hunde ihren Urin oder Kot absetzen, wird dieses am liebsten entlang der Nord-Süd-Achse. Dies ist vielleicht auch eine Erklärung, warum es manchmal gefühlt so lange dauert, bis der Hund sein richtiges Plätzchen für sein Geschäft findet.

In einem Experiment zum Thema, wie navigiert der Hund, wurde festgestellt, dass Hunde, die ihre Menschen unterwegs verlieren, zu 60 Prozent ihre Nase einsetzten, um ihren Menschen wiederzufinden. Dafür nutzen sie die Spur, die sie hingelaufen sind als Rückspur. Die anderen „scouteten" den Weg. Dazu hielten sie kurz inne, liefen dann ca. 20 Meter entlang der Nord-Süd-Achse und gelangten dann auf den Rückweg. In den meisten Fällen war der Weg mittels „Scoutens" kürzer, als die Rückspur zu nehmen. Dies könnte dafür sprechen, dass Hunde sich am Magnetfeld orientieren.

Hunde können, wenn sie wollen, nach allem suchen und beweisen dabei ein absolut feines Näschen. Stichwort: Zwillingsunterscheidung. Menschen können weder an der Optik noch am Fingerabdruck eineiige Zwillinge unterscheiden. Hunde können es hingegen am Geruch schon ausgezeichnet. Sie können allerdings nicht nur nach allen möglichen Dingen suchen, sondern finden dabei konkret minimale Konzentrationen.

Welche Auswirkung die Anzahl der Geruchsrezeptorzellen der einzelnen Rassen auf die Riechleistung haben ist weiterhin umstritten. Der Dackel hat ca. 125 Millionen, der Schäferhund 225 Millionen und der Bloodhound 300 Millionen Geruchsrezeptorzellen. Doch alle können nach einer Ausbildung gleichermaßen gut nach beispielsweise Bomben suchen, der Dackel hat dabei vielleicht wegen seiner Größe dem Bloodhound gegenüber tatsächlich andere Vorteile.

Die Thematik Todgeruch oder auch Kadavergeruch ist für uns Menschen nicht gerade das beliebteste Themenfeld. Dabei ist es im Grunde egal, ob menschlicher oder tierischer Kadavergeruch. Bei Hunden sieht das oftmals anders aus. Tierischer Kadaver ist erheblich reizvoller. Nicht nur geruchstechnisch, sondern sie wollen sich auch darin wälzen.

Wobei Verwesungsgeruch nicht automatisch furchtbar riecht. Ob ein Kadaver schon oder noch riecht, hängt von vielen Faktoren, wie Thermik, Wind, Feuchtigkeit und Temperatur ab. Leichenspürhunde nehmen den Kadavergeruch nachträglich ebenfalls noch wahr, wenn der Leichnam gar nicht mehr an Ort und Stelle ist. Daher sind sie in der Kriminalistik ein wichtiger Bestandteil in der Falllösung, z. B. von vermissten Personen. Diese Spezialhunde können Gerüche, wie Blut oder Leichen, anzeigen, obwohl sie für unser menschliches Auge nicht mehr sichtbar sind und für unsere Nase nicht mehr riechbar.

Hunde navigieren häufig besser als wir.

DIE UNTERSCHIEDLICHEN LERNFORMEN DES HUNDES

Hunde können ganz unterschiedlich lernen. Von der klassischen Konditionierung bis einfach so im Alltag nebenbei.

Wie lernen Hunde?

Was bringt der Hund genetisch mit? Epigenetisch drückt aus, dass Hunde keine Gene für Wesen und Verhalten haben, sondern ihr Verhalten entwickelt sich durch Einflüsse der Umwelt. Dennoch hat er angeborene Verhaltensweisen und die, die er erlernt. In der Hund Welt gibt es beispielsweise bestimmte Handlungsketten beim Jagen: Orten, fixieren, anpirschen, hetzen, packen, töten, zerreißen und fressen.

Dennoch kann man zwischen gezieltem Lernen und Erleben unterscheiden:

Konditionierung

In der klassischen Konditionierung findet eine Kopplung bzw. ein Verknüpfen von zwei Ereignissen statt. Das berühmteste Beispiel ist vom Nobelpreisträger Iwan Pawlow. Er läutete ein Glöckchen, bevor er das Futter servierte. Nachweislich hatte er beobachtet, dass das Riechen von Futter bei den Hunden zum Speichelfluss führte. Durch die klassische Konditionierung sorgt fortan das Glöckchen schon für Speichelfluss bei den Hunden.

Kurz gesagt ist die Konditionierung beim Hund ein schrittweises Lernen eines bestimmten Reiz-Reaktion-Musters. Er stellt eine Assoziation zu einem Reiz her, die vorher nicht vorhanden war.

Diese Form von Verknüpfung findet ebenfalls automatisch im Alltag statt, ohne dass wir es bewusst steuern. Und das nicht nur beim Hund, auch bei uns Menschen. Gehen wir beispielsweise auf eine Party und treffen jemanden, den wir sehr mögen, aber vielleicht länger nicht gesehen haben, dann löst dieses Treffen dennoch sofort positive Emotionen aus. Begegnen wir hingegen auf der Feier einer Person, die wir nicht mögen, steigen automatisch unangenehme Emotionen in uns hoch. Genauso ist es übrigens bei den Hunden. Gehen wir spazieren und der Hund sieht von Weitem seinen Rivalen, den er nicht mag, führt dies zu schlechten Emotionen. Ist in der Ferne allerdings sein Spielbuddy, mit dem er eigentlich auf jedem Spaziergang toben kann, löst bereits das reine Sehen eine Vorfreude auf das baldige Zusammentreffen aus.

Neben der klassischen Konditionierung gibt es noch die operante oder instrumentelle Konditionierung. Diese hat erstmals

Hunde lernen ganz unterschiedlich, Gerüche zuzuordnen.

Edward Lee Thorndike erwähnt. Grob gesagt, geht es hierbei um „Versuch und Irrtum“. Im Lernprozess der operanten Konditionierung lernt der Hund eine neue Verhaltensweise bewusst anhand der Konsequenz, die auf sein Verhalten folgt. Zeigt der Hund ein positives Verhalten, wird dies positiv verstärkt. Er erhält etwas in seinen Augen Angenehmes. Oder es findet eine negative Verstärkung (etwas Unangenehmes wird entfernt) statt, eine positive (etwas Angenehmes wird entfernt) oder negative Strafe (etwas Unangenehmes wird hinzugefügt).

Eine weitere Form des Lernens ist das „Freie Verhalten Formen“ oder auch Shaping genannt. In diesem Fall geht es um „Versuch macht klug“, denn der Hund probiert aus, welches das richtige oder falsche Verhalten ist. Es ist anzunehmen, dass diese selbsterarbeiteten Lernerfolge nachhaltiger und mit größerer Freude belegt sind. Allerdings kann diese Form des Lernens auch schneller zu Frust führen, wenn der Hund sein Ziel nicht erreicht. Dieses Verhalten ist sowohl beim Hund als beim Hundeführer zu erkennen. Unterstützt werden kann das Shaping durch positive Verstärkungen, beispielsweise durch verbales Loben. Besonders gut eignet sich diese Art des Lernens für Tricks.

Do as I Do – Mach‘s mir nach

Bei dieser Form des Lernens lernt der Hund durch Nachahmung. Wenn ein junger Hund zum Beispiel bei einem Verhalten eines älteren Hundes zuschaut, was zum Erfolg führt, kann er dieses Verhalten kopieren und ebenso erfolgreich sein. Oder der Welpe/Junghund

Voneinander zu lernen kann sehr inspirierend sein.

sieht, wie ein anderer Hund an einer bestimmten Stelle schnüffelt und möchte dort ebenfalls selbsttätig schnüffeln. Dies gilt übrigens nicht nur für Youngsters, sondern für Hunde jeden Alters untereinander.

Ebenso kann der Mensch seinem Hund etwas vormachen, was der Hund nachahmt. Auch wenn es auf den ersten Blick paradox klingt oder vermutlich „komisch" aussieht, können wir Zweibeiner auch mal „vorschnüffeln". So können wir für einen Bereich Neugierde schaffen, die der Hund vielleicht gerade nicht im Fokus hat. Ein Beispiel ist das Vorschnüffeln an Bäumen (siehe Übung Seite 68).

Einfach mal machen lassen

Dies könnte ebenfalls als „Versuch macht klug" bezeichnen werden. Viele praktische Angebote in diesem Buch basieren genau drauf. Der Hund darf seinen Schnüffelbedürfnissen einfach nachgehen, bekommt zumindest im Bedarfsfall Unterstützung oder ihm wird aktiv etwas angeboten, bei dem es nicht um richtig oder falsch geht oder er ein vorgegebenes Ziel erreichen soll.

UMGEBUNGEN UND IHRE SCHNÜFFELERLEBNISSE

Jede Umgebung hat ihre Eigenheiten und einen besonderen Charme für Hunde. Und es kommt darauf an, wo der Hund seinen Alltag verbringt.

Ausflug im Wald

Ist die Standardumgebung Ihres Hundes eher städtisch oder ländlich geprägt? Wenn er eher im Wald seine täglichen Runden dreht, dann kann ein Ausflug in die Stadt oder ins Industriegebiet voller Überraschungen für ihn sein. Und umgekehrt ist der Wald besonders spannend, wenn Ihr Hund meistens im städtischen Bereich unterwegs ist.

Für Hunde ist der Wald immer einen Ausflug wert. Egal zu welcher Jahreszeit, hier gibt es besonders für die Nase stets etwas zu entdecken. Die Anzahl der Gerüche dort scheint ins Unendliche zu gehen. Es erwartet den Hund jedes Mal Spannung und Abwechslung. Auch, wenn es im Wald allzu verlockend ist, den Hund freilaufen zu lassen, sollten Sie sich immer informieren, welche Regeln gerade gelten. Anstatt einer kur-

Ein Waldspaziergang ist immer eine Entdeckungsreise.

zen „Stadt-Leine“ können Sie in Wald und Wiese prima eine längere Schleppleine verwenden. Schließlich sind Sie im Wald nur zu Besuch und gerade in der Brut- und Setzzeit sollten Sie Rücksicht auf die Waldbewohner nehmen. Ein Waldspaziergang bietet auf jeden Fall eine eindrucksvolle Reise durch die Natur mit einer wahren Wundertüte voll an Ideen.

Aber nicht nur der Hund freut sich auf einen Ausflug in den Wald, auch Sie können im Wald ganz besondere Momente für sich genießen. Ein Stichwort lautet: Waldbaden. Das Wunderbare am Waldbaden ist, es gibt kein festgelegtes Ziel, sondern es geht um Empfinden und Wahrnehmen mit allen Sinnen und um Achtsamkeit. Mehr dazu unter: Waldbaden für den Zweibeiner im praktischen Teil (siehe Seite 80).

Achtsamkeit steht ebenfalls in enger Verbindung mit Aufmerksamkeit. Täglich erhalten Sie und somit auch Ihr Hund eine Menge an Reizen, die auf beide einprasseln. Dabei wird automatisch nach relevanten und irrelevanten Reizen gefiltert. Zusätzlich gibt es auch Schlüsselbegriffe, die schnell Ihre Aufmerksamkeit ansprechen, z. B. Ihr Name oder das Wort vorsichtig. Und wenn Sie die Aufmerksamkeit Ihres Hundes auf einer Schnüffeltour haben möchten, dann sollten Sie ihn erst ansprechen, bevor Sie ihn beispielsweise einfach weiterziehen.

Auch Industriegebiete bieten spannende Schnüffelerlebnisse.

Stadt bis Industriegebiet

Auch in der Asphaltwüste Stadt gibt es für unsere Vierbeiner einige Dinge zu entdecken und zu beobachten. Manchmal müssen wir nur noch genauer hinschauen, da die spannenden Dinge für den Hund für uns Menschen nicht so offensichtlich sind wie im Wald.

Und warum nicht einmal einen Ausflug in ein Industriegebiet machen? Das klingt auf den ersten Blick nicht so attraktiv und nach Chemie, aber es gibt auch reizvolle Gebiete. Meistens können Sie dort sehr gut parken und ganz in Ruhe auf Schnüffeltour gehen, da es nicht das Standard-Ausflugsgebiet für Hunde ist. Dabei sollten Sie ein hundekompatibles Gebiet heraussuchen, ohne Gefahren und ohne zu hohe Luftverschmutzung. Durch die Offenheit und Weitläufigkeit ist ein Industriegebiet thermisch oft ganz anders als ein dicht bebautes Wohngebiet. Alternativ können Sie auch zuerst ein Mischgebiet auswählen.

Zuhause

„Zuhause ist da, wo wir zusammen sind.“ Und gerade an stressigen oder an richtigen „Schiet-Wetter“-Tagen sind manchmal ausgiebige Schnüffeltouren nicht möglich. Aber auch zuhause können Sie den Hund mit

Kleine Schnüffelexperimente für zu Hause sind immer wieder interessant.

geruchlichen Herausforderungen überraschen, ohne viel vorzubereiten (siehe Übung Seite 93).

Egal, in welcher Umgebung Sie mit Ihren Vierbeinern unterwegs sind, soll der praktische Teil dieses Buch (ab Seite 60) Sie dazu anregen, nicht einfach nur nebenherzulaufen, sondern aktiv mit ihren Hunden Dinge zu erleben, zu entdecken und zu beobachten.

Die Leine und ihr Handling

Ein wichtiges Kommunikationsmittel zwischen Hund und Hundehalter ist die Leine. Oft hat die Leine noch ein negatives Image, denn an der Leine ist der Hund „gebunden". Aber wie wäre es, wenn wir die Leine positiv belegen würden? Durch die Leine sind wir perfekt als Team unterwegs. Hund und Mensch stärken sich gegenseitig. Mit der Leine geht es prima gemeinsam auf Schnüffeltour. Und Zwei- und Vierbeiner können über die Leine sehr gut miteinander kommunizieren, z.B. indem der Hundehalter leicht an ihr zupft, um so die Aufmerksamkeit seines Hundes zu erlangen.

Unterschiedliche Leinen gibt es wie Sand am Meer und die Auswahl ist wie so oft Geschmackssache. Nicht nur was das Material (Stichworte: Gewicht und Rutschfestigkeit) angeht, sondern auch die Leinenlänge und -breite. Wenn Sie mit Ihrem Hund auf Schnüffeltour gehen, sollte die Leine an diesen Anlass und an das Mensch-Hund-Team angepasst sein, also in der Stadt eher etwas kürzer und im Wald gerne die lange Schleppleine.

Eine Schnüffeltour sollte nicht gleichzeitig einem Training der Leinenführigkeit dienen. Gelegentlich kann es durchaus vorkommen, dass die Leine eine höhere Spannung aufweist, wenn der Hund eine für ihn sehr intensiv duftende Stelle wittert. Ist der Hund an der interessanten Stelle angekommen, sollten hingegen die Leine locker sein, so signalisieren Sie Ihrem Hund, dass jetzt genügend Zeit vorhanden ist zum Schnüffeln.

Augen zu und fühlen: Wenn Sie sich nur auf die Spannung der Leine fokussieren möchten, dann können Sie zusätzlich die Augen schließen und fühlen, wann die Leine wieder auf Spannung geht. Dies sollten Sie aber nur in einem sicheren Umfeld tun.

Bei längeren Schnüffeltouren können Sie gut einen Bauchgurt oder eine Bauchtasche mit einer Befestigungsmöglichkeit für die Leine nutzen. So müssen Sie sie nicht die ganze Zeit festhalten und haben gleichzeitig die Hände frei, um spontan Fotos zu machen.

Die gemeinsame Beziehung stärken

Die Hundenase mit genügend Schnüffeleinheiten artgerecht auszulasten ist tatsächlich nicht nur für den Vierbeiner allein eine wunderbare Sache, sondern diese Einheiten vertiefen die Beziehung zwischen Hund und Mensch und können so die Bindung stärken. Deswegen sollten Sie viel häufiger nach dem Motto agieren: Lass uns gemeinsam schnüffeln. In diesem Sinne viel Freude mit dem praktischen Teil dieses Buches.

Eine lockere Leine bietet Freiraum beim Schnüffeln.

ZUSAMMEN SCHNÜFFELN GEHEN

Im praktischen Teil geht es in den Wald, in die Stadt, ins Wohn- und Industriegebiet. Zusätzlich gibt es Aufgaben und Ideen für zu Hause, die Sie in Ihrer Reihenfolge und Ihrem Tempo absolvieren können. Grundsätzlich soll immer der Spaß, das Entdecken und Beobachten im Vordergrund stehen.

GUT VORAB ZU WISSEN

Bevor es nun mit dem praktischen Teil losgeht, hier noch ein paar Anregungen und allgemeine Anmerkungen vorweg, die für alle Ideen oder Aufgaben gelten.

Kommunikation

Ich spreche viel mit meinem Hund. Oft in ganzen Sätzen, manchmal sind es auch nur einzelne Worte. Dadurch sind viele Situationen im Alltag ohne Training ziemlich effektiv im gemeinsamen Zusammenleben geworden, weil diese Art der Kommunikation einfach so nebenbei selbstverständlich geworden ist. Der Hund versteht natürlich nicht die Bedeutung der einzelnen Worte oder Sätze, aber wenn ich das sage, was ich meine, dann stimmt konkret die Tonalität und Emotion meiner Aussage. Und ich kann bewusst damit arbeiten: „Lass uns weiter gehen" klingt freundlich auffordernd im Gegensatz zu „Komm jetzt endlich", was eher harsch und ein wenig genervt auf den Hund wirkt. Richtig zu kommunizieren, ist gleichfalls eine Form der Achtsamkeit. Einzelne Worte erscheinen meist eher wie ein Kommando. Dies kann man bewusst einsetzen, wie das Wort „Nein" für einen Abbruch einer Aktion.

Belohnung

Prinzipiell können Sie verbale Belohnungen oder eine Futterbelohnung bei den nachfolgenden Ideen- und Übungen einsetzen. Grundsätzlich gilt: Eine Belohnung belohnt, wenn sie belohnt. Soll heißen, nur wenn sich der Hund über die Belohnung freut, dann ist es wirklich etwas Besonderes. Zudem drückt eine Belohnung im Moment immer die gemeinsame Freude bzw. Teamarbeit aus

Auch Hunde haben Präferenzen bei der Belohnung.

Seinem Hund zugewandt, zeigt der Mensch auch körpersprachlich Interesse an dessen Geschnüffel.

und ist deswegen ein wichtiger Bestandteil im Zusammenleben mit einem Hund.

Ein verbales Lob kann gleichfalls ein sogenanntes Marker-Wort sein. Also ein Wort, was Sie immer dann nennen, wenn der Hund etwas richtig gemacht hat, wie z. B. „Prima“. Die Futterbelohnung können kleine Leckerchen (Trockenfutter) oder auch Wurstwürfel sein. Bei manchen Übungen findet der Hund die Belohnung direkt und kann sie verzehren.

Und dann gibt es noch Hunde, die nicht so auf Futterbelohnung stehen, die sich aber beispielsweise über eine Kraul- oder Streicheleinheit umso mehr freuen. In Kombination mit einem verbalen Lob ist das eine sehr schöne Belohnung.

Körpersprache Mensch

Für alle Ideen und Aufgaben gilt, dass Sie sich immer Ihrer eigenen Körpersprache bewusst sein sollten. Kurz gesagt: Wenden Sie sich mit Ihrem Körper ebenfalls der Stelle zu, die der Hund beschnüffelt, signalisiert das dem Hund, dass Sie sich für das interessieren, was er tut. Drehen Sie sich hingegen weg, zeigt das eher ein Desinteresse. Dies kann dazu führen, dass der Hund sich nicht die Zeit nimmt, um die Gerüche so aufzunehmen, wie er gerne würde. Auch die Leine spielt eine Rolle. Hängt sie locker durch oder ist sie auf Spannung?

Wassergabe

Schnüffeln ist für den Hund mehr als anstrengend. Und fordert seinen Körper extrem, zum Beispiel durch die sehr erhöhte Atemfrequenz. Dies können Sie manchmal sogar an einer trockenen und wärmeren Hundenase erkennen, die sonst eher feucht und kalt ist. Deswegen ist es wichtig, dass Sie Ihrem Hund immer genügend frisches Wasser zur Verfügung stellen – unabhängig

Nur eine gesunde Hundenase schnüffelt gerne.

von der Außentemperatur und auch im Winter. Nur so kann er neben dem Ausgleich seines Flüssigkeitsbedarfs seine Nasenschleimhaut ausreichend befeuchten. Wasser ist ein Angebot, es kann durchaus sein, dass der Hund es nicht immer annimmt.

Das Hundealter und der Gesundheitszustand

Je nach Alter und Gesundheitszustand des Hundes sollten Sie die jeweiligen Aktivitäten sinnvoll anpassen. Haben Sie das Gefühl, dass der Hund erwartungsgemäß wenig schnüffelt oder sich nicht gerne bewegen mag, ist es immer ratsam, einen Tierarzt aufzusuchen, um mögliche Ursachen abklären zu lassen.

Ritual Halstuch oder Signal-Halsung

Wenn Sie ein schnelles Gassi-Gehen von ausgiebigen Schnüffeltouren abgrenzen möchten, können Sie dies mit einem Halstuch oder einer Signalhalsung tun, die Sie dem Hund zu Beginn der Tour umlegen. Dies wird zum Ritual und signalisiert, dass ab jetzt bis zur Abnahme des Halstuches ausgiebiges Schnüffeln erlaubt ist.

Bitte Rücksicht nehmen

Die Ideen für unterwegs sind manchmal auch ohne Leine möglich. Bitte achten Sie auf Setz- und Brutzeiten sowie mögliche ausgeschriebene Leinenpflichten und respektieren auch den Lebensraum von anderen Tieren.

Egal, wo wir uns mit unseren Vierbeinern im öffentlichen Raum aufhalten, sind wir dort immer zu Besuch. Und so sollen wir uns auch verhalten. Hinzu kommt, dass nicht jeder ein Hunde-Freund ist, daher sollten Mensch und Hund immer genügend Abstand gegenüber Fremden einhalten.

Bewusst sind in diesem Buch viele Ideen im praktischen Teil genannt, nicht Aufgaben. Denn Ideen bieten viel mehr Freiraum sie durchzuführen. Außerdem erinnert es nicht an Schule, wo am Ende von Aufgaben ein richtig oder falsch steht oder vielleicht sogar eine Prüfung. Ideen sollen die eigene Kreativität und den Variantenreichtum fördern. Oft bringen sie neue Dinge zu Tage und lassen uns spannende Momente erleben.

Und nun wünsche ich Ihnen viel Freude beim praktischen Umsetzten der unterschiedlichen Schnüffelideen und viele „Aha-Erlebnisse“ beim Beobachten Ihres Hundes.

Das Halstuch signalisiert: Ausgiebige Schnüffelzeit ist angesagt.

NASENARBEIT FÜR WELPEN

Bereits Welpen sind sehr gerne mit ihrer Nase unterwegs. Sie erkunden in der ersten Lebensphase viele Dinge mit ihrer Nase und entdecken so die große weite Welt.

Riechen macht müde

Der große Vorteil, gerade im Welpenalter, ist das ausgiebiges Riechen neben der artgerechten Auslastung müde macht, aber den Welpen nicht „hochfährt", sodass er im Anschluss wunderbar schlafen kann. Außerdem schont das Schnüffeln die Gelenke und lastet den Kopf wunderbar aus.

Der unglaubliche Riechsinn des Hundes ist zwar angeboren ist, dennoch können Sie frühzeitig den Spaß am Schnüffeln zusätzlich fördern, wie beispielsweise mit einem „Käse-Stamm".

Welpen sind oft bereits nach kurzer Zeit des Schnüffelns müde.

Käse-Stamm für Welpen

Wollen Sie die noch junge Hundenase ein wenig fördern und den Welpen mit einem kleinen Schnüffelspiel auslasten, können Sie dies im Wald prima mit einem „Käse-Stamm“ machen. Einfach bei Spaziergängen schon einmal Ausschau halten nach den unterschiedlichsten Baumstämmen, die sich gut zum Verstecken von Käsewürfeln eignen.

SO GEHT ES:

› Schneiden Sie Zuhause einige kleine Käsewürfel (15–20 Stück, alternativ Wurstwürfel oder leicht fressbare weiche Leckerchen)
› Gemeinsam geht es dann mit dem Welpen in den Wald (am besten nicht zur Gassi-Geh-Rushhour). Ihr Hund darf sich erst lösen und ein wenig tun und lassen, was er mag.
› Angekommen an einem passenden Baumstamm verteilen bzw. verstecken Sie dort „schnell“ die Käsewürfel. Praktisch ist, wenn man zu zweit unterwegs ist. Dann kann eine Person den Hund so lange festhalten oder ablenken, bis die Würfel am Baumstamm haften.
› Sobald die Käsewürfel am Baumstamm platziert sind, lassen Sie den Welpen in der Nähe los.
› Zuerst können Sie einfach abwarten, ob er den Käsegeruch eigenständig in die Nase bekommt. Wenn nicht, können Sie den Welpen entweder mit einem Käsestück „anfüttern“ und/oder in die Nähe des ersten Würfels auf den Stamm zeigen. Zusätzlich können Sie gerne den Hund verbal motivieren.
› Spannend ist nun zu beobachten, wie der Hund an die Suche herangeht. Sucht er systematisch den Baumstamm ab oder findet er die Käsewürfel eher „durcheinander“. Und wie ändert sich die Körpersprache des Hundes während der Käsesuche?
› Hat der Hund alle Würfel am Baum gefunden, können Sie zur Beendigung ein „Fertig-Wort“ sagen und anschließend entfernen Sie sich gemeinsam mit dem Welpen vom Baumstamm.

Alternativ können Sie einen Baumstamm in der Nähe Ihres Autos auswählen: Dazu den Welpen ganz kurz im Auto warten lassen. In der Zeit können Sie den Baumstamm bestücken und anschließend gemeinsam mit dem Hund zum Schnüffelstamm gehen. Hier ist zusätzlich spannend für Sie zu beobachten, ob der Welpe selbstständig zeigt, wann er in die „Käse-Geruchswolke“ eintritt.

Variante 1

Käse-Baum

Wenn die Suche am Stamm in Bodennähe gut funktioniert, dann können Sie den Schwierigkeitsgrad dadurch steigern, dass Sie die Käsewürfel in unterschiedlichen Höhen platzieren, z. B. an einem aufrechten Baumstamm zusätzlich in der Mitte. Hier ist es spannend für Sie zu beobachten, ob der Hund erst die bodennahen Würfel findet. Und benötigt er bei den anderen Würfeln in luftiger Höhe beim ersten Mal Unterstützung?

Variante 2

Tischlein deck dich

Hierzu suchen Sie sich einen flach am Boden abgeschnitten Baumstamm und verteilen

Baumstümpfe bieten oft tolle Versteckmöglichkeiten für Futterstückchen.

darauf z. B. ein paar Käsewürfel. Hat der Stamm kleine Einkerbungen, können Sie den Käse dort zusätzlich leicht hineindrücken. Dann lassen Sie den Welpen (oder auch älteren Hund) aus einiger Entfernung zum „Waldtisch“ los. Dabei kann er durchaus an einer Schleppleine ohne Spannung sein, sodass er sich selbstständig auf die Suche nach dem Tisch gedeckt mit Käse machen kann.

Variante 3

Wasserlachen suchen

Gerade wenn es vermehrt geregnet hat, können Sie gut Ausschau nach Baumstämmen mit kleinen und großen Einkerbungen halten. In diesen entstandenen kleinen Wasserlachen ist oft ebenfalls ein spannender Geruch versteckt.

Variante 4

Zusammen suchen

Nach dem Do-as-I-Do-Prinzip kann der Welpe entweder erst einem erwachsenen Hund bei der Baum-Stamm-Käse-Suche zuschauen oder, wenn beide verträglich sind und kein Futterneid herrscht, können sie auch gemeinsam nach den Futterstückchen suchen. Diese Szenerie ist sehr spannend zu beobachten: Wie verhält sich der Welpe, sucht er eher eigenständig an anderen Stellen als der erwachsene Hund oder sucht er eher dort, wo der andere Hund gerade war?

TIPP

Gerade bei Welpen ist weniger mehr, denn die Konzentrationspanne ist noch sehr gering. Deswegen lieber kurze kleine Schnüffeleinheiten als lange, die dann „langweilig“ für den jungen Hund werden. Dazu sollte möglichst wenig Ablenkung vorhanden sein.

Diese Ideen bieten nicht nur ein spannendes Schnüffelspiel für Welpen, sondern gleichermaßen für Junghunde und erwachsene Vierbeiner.

DIE VIER JAHRESZEITEN UND DIE HUNDENASE

Unterschiedliche Jahreszeiten bieten vollkommen verschiedene Schnüffelerlebnisse für Hunde. Daher können Sie je nach Jahreszeit unterschiedliche Beobachtungen des Suchverhaltens Ihres Hundes machen.

Winter

Eiszeit, Schnee und ganz besondere Dufterlebnisse: Die kalte Jahreszeit – und dabei kann es nicht kalt genug sein, am besten sogar Minusgrade – ist für die Hundenase eine außergewöhnlich gute Zeit. Während die Zweibeiner am liebsten eine schnelle Morgenrunde absolvieren wollen, kann es für die Vierbeiner gar nicht lange genug sein, was das Erleben von Gerüchen angeht.

IDEE 1

Frost an Pflanzen, am Gras

Der Morgenfrost ist olfaktorisch ebenfalls sehr interessant für die Hundenase. Er scheint Gerüche in einer Art über Nacht zu konservieren und morgens wieder freizugeben. Nach einiger frostigen Nacht können Sie oft sehr intensives und langes Schnüffeln an einzelnen Stellen beobachten.

- Möchten Sie Ihrem Hund dieses Erlebnis gönnen, sollten Sie Ihre eigene Körpersprache bewusst einsetzen und Ihren Körper ebenfalls in Richtung der Schnüffelstelle drehen. So wird es zu einem gemeinsamen Erlebnis.
- Sind mehrere Tage Frost hintereinander, ist es für Sie spannend zu beobachten, ob Ihr Hund auf der gleichen Runde zusätzlich immer wieder zu denselben Stellen geht.

IDEE 2

Zugefrorene Bäche oder Pfützen

Bitte beachten: Bei dieser Idee steht die Sicherheit für Sie und Ihren Hund immer an erster Stelle. Sie sollten sehr aufpassen, dass Ihr Hund nicht in ein Gewässer einbricht oder sich an scharfkantigem Eis verletzt.

Es wird gesagt: Wasser zieht Geruch an. Und so ist wohl gefrorenes Wasser ebenfalls bei Hunden sehr angesagt, was das Schnüffeln angeht.

- Versucht der Hund, mit seiner Nase an Gerüche unterhalb der Eisfläche zu kommen?
- Wie spannend sind Kanten zwischen Eis und Wasser?

Die kalte Jahreszeit bietet sehr aufregende Schnüffelerlebnisse.

- Schleckt der Hund an der Eisfläche?
- Verwendet er seine Pfoten, um unter das Eis zu kommen?

IDEE 3

Spurensuche im Schnee

Gerade wenn es Neuschnee gab, können Sie wunderbar beobachten, auf welche menschlichen Spuren die Hunde anspringen. Denn Fußabdrücke machen Ihnen zumindest ein wenig sichtbar, wo jemand lang gegangen ist und in welche Richtung. So bekommen Sie visuell eine Idee von Geruchsquellen, die Sie sonst nur noch manchmal im Morgentau auf Grasflächen sehen können.

- Verfolgt Ihr Hund die Fußspuren in Laufrichtung?
- Wie lange bleibt er an den Spuren dran?
- Welche Körpersprache zeigt er bei der Spurverfolgung? Eher mit der Nase ganz tief oder bleibt diese höher?

Wichtig: Im Winter schwitzt der Mensch selbst nicht so wie im Sommer. Somit denken wir auch nicht automatisch an die Wassergabe für den Vierbeiner. Schnüffeln ist aber zu jeder Jahreszeit positiv anstrengend für die Hunde, deswegen sollten wir unseren Hunden nach Schnüffelrunde Wasser anbieten.

Frühling

Auch bei Hunden können Sie Frühlingsgefühle beobachten. Nicht nur, dass die Sonne rauskommt und es überall grün wird, auch der Duft und die Duftvarianten verändern sich erneut. Oft werden Hündinnen im Frühjahr läufig. Rüden sind zwar das ganze Jahr paarungsbereit, können sich aber dem weiblichen Duft nur hingeben, wenn läufige Hündinnen eine Duftmarke absetzen.

IDEE 1

Hündin

Bewusstes Beobachten, was passiert schnüffeltechnisch in der möglichen „Paarungszeit“:

- Meist markiert eine läufige Hündin vermehrt, aber geht sie dabei mit System vor? Wählt sie strategische Ecken?
- Schnüffelt die Hündin immer erst, bevor sie eine „Marke“ setzt?

Bitte beachten Sie die Brut- und Setzzeit im Frühjahr besonders und stimmen Sie Ihre Spaziergänge und die Schnüffelorte darauf ab.

Morgentau verspricht spezielle Riecherlebnisse.

IDEE 1

Rüde

Erschnüffelt der Rüde eine hormonell interessante Stelle, wie verhält er sich dann:

- Riecht er nur an der Stelle oder schleckt er auch daran?
- Markiert er über die Stelle?
- Klappert er während des Riechens oder danach mit den Zähnen?
- Schäumt der Rüde vielleicht sogar? Stichwort: Zyklusbestimmung der Hündin.
- Geht man die Runde mehrfach – zieht der Rüde beim nächsten Rundgang wieder fast schon automatisch an die gleiche Stelle wie am Tag davor?

IDEE 2

Morgentau auf der Wiese

Wenn morgens die Grashalme auf der Wiese funkeln und überall mit kleinen Wassertropfen überzogen sind, dann hat es nicht zwingend geregnet, sondern das ist der Morgentau. Kurz gesagt: verflüssigter Wasserdampf. Dieser macht die Umgebung „frisch" für die Hundenase. Morgentau ist einfach gut für die Duftentfaltung. Für diese Idee eignet sich am besten eine Wiese mit einem Wegrand. Welche Beobachtungen können Sie machen?

- Ist Ihr Hund mehr am Rand von der Wiese als auf dem Weg mit seiner Nase unterwegs?
- Kann er sich an einem einzelnen Grashalm quasi verlieren und hört überhaupt nicht auf zu schnüffeln?
- Oder interessiert den Hund der Morgentau gar nicht?

IDEE 3

Fellwechsel

Die meisten Hunde wechseln im Frühjahr ihr Fell. Sie verlieren manchmal ganze Büschel. Gerade im Wald können Sie hier und da Hundefell am Wegesrand entdecken. Oder es bleiben sogar Hundehaare in Sträuchern hängen.

- Nimmt Ihr Hund das Fell „nur" im Vorbeigehen wahr?
- Oder geht er zielstrebig hin und schnüffelt daran?
- Verändert sich beim Schnüffeln vom Hundehaar seine Körpersprache?

Variante

Einfach einen anderen Hundehalter aus der Umgebung bitten, auf dem morgendlichen Spaziergang ein wenig Fell fallen zu lassen oder beispielsweise an einen Busch leicht „versteckt" zu hängen. Entweder lassen Sie sich genau sagen, wo Sie der Fund erwartet, oder Sie lassen sich genauso wie der Hund überraschen. Nun gilt es auf dieser Runde, seinen Hund genau zu beobachten:

- Nimmt Ihr Hund den Fell Geruch vom Artgenossen überhaupt wahr?
- Je nachdem, ob es Wind gibt oder wie dieser steht, kann es sein, dass der Hund zuerst an dem Büschel vorbeiläuft und fast schon plötzlich umdreht und genauer sucht, wo ihm welcher Duft in die Nase gestiegen ist. In diesem Fall können Sie einen sogenannten Head-Turn beobachten.

Sommer

Sommer, Sonne, Sonnenschein – meist ist es heiß. Nicht nur die Umgebungsluft heizt sich ordentlich auf, sondern auch der Asphalt. Daher bieten sich Schnüffeltouren im Sommer besonders im Wald an. Steigen die Temperaturen so richtig, dann starten Sie die Tour am besten am frühen Morgen und gestalten den Spaziergang nicht zu lang. Oder Sie verlegen die längeren Schnüffeleinheiten in die Abendstunden. Und es bietet sich an, „Wasser to go“ für den Hund mitzunehmen.

IDEE 1

Wasser-Uferrand

Auch wenn der eigene Hund keine Wasserratte ist: In der Nähe von Wasser ist es für ihn auf jeden Fall spannend. Denn: Wasser zieht Geruch an. Die Uferränder von Bachläufen, Flüssen, Teichen und Seen sind demnach voller spannender Gerüche. Es besteht zusätzlich noch ein Unterschied zwischen fließenden und stehenden Gewässern. Denn bei fließenden Gewässern ist salopp gesagt ein wenig mehr los, was das Transportieren von Gerüchen angeht. Im Gegensatz dazu „parken“ stehende Gewässer Geruch eher.

Wasser und Ufer können verschiedene Geruchserlebnisse enthalten.

- Zieht Ihr Hund immer wieder ganz an den Uferrand?
- Wie tief steckt der Hund seine Nase ins „Grün" Richtung Wasser?
- Verweilt er an manchen Stellen besonders lange?
- Hält er seine Nase ins Wasser?

Bitte beachten: Den Hund nur im Gewässer abkühlen lassen, wenn es dort erlaubt ist. Im Sommer ist es zudem wichtig zu schauen, ob die Wasserqualität ausreichend ist, damit der Hund sich keine Bakterien einfängt (Stichwort: Blaualgen).

IDEE 2

Sonne und Schatten

Geruch kann in schattigen Bereichen anders aufgenommen werden als in sonnigen. Ab und zu können Sie sogar beobachten, dass eine Sonne-Schatten-Kante fast wie eine Wand fungiert. Egal, ob im Wald oder im Wohngebiet, wie zeigt sich das Sonnen-Schatten-Phänomen?

- Schnüffelt Ihr Hund in einem der beiden Bereiche, wenn es Sonne und Schatten gibt, intensiver?
- Wenn der Hund die Wahl zwischen Sonne und Schatten hat, wo hält er sich dann bevorzugt zum Schnüffeln auf?

Herbst

IDEE 1

Abenteuer Spaziergang

Der Herbst ist oftmals nicht die beliebte Jahreszeit zum Gassi-Gehen. Eben waren es doch noch so schön sommerliche Temperaturen und auf einmal ist es nasskalt. Wie wäre es dann damit, etwas Spannung in den Spaziergang einzubauen? Damit können Sie bestimmt Ihren Hund überraschen. Bei den abenteuerlichen Aktionen sind Ihrer Fantasie keine Grenzen gesetzt. Am besten bietet sich eine Außerhalb-Strecke an, die sowohl etwas zum Schnüffeln als auch Aktion bietet.

Natürlich kann Baumstamm auch als Sprunghürde genutzt werden.

- Viele Gegenstände oder Bäume bieten sich für einen spontanen Slalomlauf an, bei dem dennoch geschnüffelt werden kann. Hierzu können Sie einfach um alles gemeinsam mit Ihrem Hund herumlaufen, was Sie vor Ort vorfinden. Dies hat auch den Vorteil, dass man einfach mal andere Wege geht.
- Wenn Sie es noch ein wenig sportlicher mögen, dann können Sie auch eine Form von Weitsprung machen, wie über einen trockenen Bachlauf oder liegenden Baumstamm.
- Ebenso bieten sich viele Dinge in der Natur zum Balancieren an. Und aus dieser Perspektive kann der Hund an ganz andere Schnüffelstellen gelangen. Wenn Ihr Hund nicht allein auf die Idee zum Balancieren kommt, können Sie ihn beispielsweise mit Klopfen auf den Baumstamm dazu animieren, darauf zu springen.
- Wenn bereits die bunten Blätter runtergefallen sind, können Sie auch einen schnellen Lauf durch die Blätter machen. Oder lassen Sie bewusst die Blätter mit ihren Füßen hochwirbeln, um so Gerüche zu verwirbeln, auf die der Hund dann mit Spannung reagieren kann.

IDEE 2

Morgennebel und Abenddämmerung

Im Herbst werden die Tage wieder kürzer und der eine oder andere Morgen ist mit einer Nebelbank belegt. Nebel kann sich auf die Duftentwicklung ebenfalls auswirken.

- Verändert sich das Schnüffelverhalten im Dunkeln?
- Braucht der Hund körpersprachlich von Ihnen mehr Unterstützung?
- Wirkt sich der Nebel auf die Intensität des Schnüffelns aus?
- Ist der Nebel an sich für den Hund interessant?
- Macht der Nebel das Schnüffeln schwieriger?

Bitte beachten: Beispielsweise Kastanien und Eicheln sind giftig für Hunde. Deswegen ist im Herbst besondere Aufmerksamkeit geboten, dass der Hund nichts für ihn Schädliches aufnehmen kann.

TIPP

Wenn Sie Ihren Hund mit Leucht-Elementen und Reflektoren ausstatten, können Sie ihn nicht nur grundsätzlich besser sehen, sondern ein leuchtendes Element im Halsbereich hilft Ihnen dabei, den Hund weiterhin in seiner Nasenarbeit zu beobachten. „Sichtbarkeit bedeutet Sicherheit."

ABWECHSLUNG BEIM GEMEINSAMEN SPAZIERGEHEN

Spaziergang muss nicht gleich Spaziergang sein: Gerne gehen wir routiniert die Spazierwege, die wir kennen. Etwas Abwechslung in der Spazierrunde kann aber nicht schaden.

Unterschiedliche Zeitungen lesen

Die bekannten Wege sind für Hunde bestimmt spannend, sie lesen dort die Tageszeitung: Welche Neuigkeiten zu gestern gibt es auf der Schnüffelstrecke? War der Nachbarshund schon draußen und hat seine Marken gesetzt? Was gibt es ansonsten Neues im Revier?

Um für etwas Abwechslung zu sorgen, können Sie im Kleinen einmal eine unerwartete Abbiegung nehmen. Oder Sie verlegen den Spaziergang an einen vollkommen neuen Ort. Dort kann der Hund das überregionale Blatt lesen und seine für ihn neue Geruchswelt erkunden.
Allein der Vergleich mit den Zeitungen zeigt schon, dass es auch bei der Auswahl der Spazierrunden nicht immer höher schneller und

Neue Umgebungen bieten andere Schnüffelwelten.

Nach dem Urlaub ist das Wohnumfeld häufig anders spannend.

weiter gehen muss. Vielmehr macht es der Mix aus bekannten und unbekannten Strecken aus. Und Sie können auch auf dem bekannten und häufig gelaufenen Weg für unerwartete Spannung sorgen.

Ähnlich wie bei uns Menschen gibt es Hundetypen, die eher die gewohnte Umgebung beschnüffeln, und andere, die gerne immer wieder in neuen Gebieten unterwegs sind.

Nach dem Urlaub in der eigenen Hood

Im Grunde macht der Hund, wenn er im Urlaub ist, auch Urlaub von seinem Standard-Spaziergang-Gebiet. Und so wie Sie sich die regionalen wichtigen News vielleicht im Nachgang anschauen und durchlesen, möchte dies Ihr Hund bei seinen ersten Rundgängen nach dem Urlaub vermutlich genauso. Deswegen sollten Sie für die ersten Spaziergänge nach einer Abwesenheit eindeutig mehr Zeit einplanen. Wenn Sie daran denken und Lust dazu haben, können Sie sich ein paar Notizen auf der letzten Runde vor dem Urlaub machen, welche Schnüffelstellen besonders attraktiv waren, und diese mit den Schnüffelaktionen nach der Rückkehr vergleichen.

- Schnüffelt Ihr Hund ausgiebiger in seiner bekannten Umgebung als vor dem Urlaub?
- Sind die gleichen Stellen interessant, wie vor seiner Rückkehr?
- Markiert Ihr Hund mehr, um vielleicht „mitzuteilen“, dass er zurück ist?

ACHTSAMKEIT WÄHREND DES HUNDESPAZIERGANGS

Sie können sich bewusst drei Ziele auf einer normal Gassi-Runde vornehmen, die auf das Thema Achtsamkeit abzielen und gleichzeitig dabei helfen, Ihren Hund und sich noch besser wahrzunehmen:

- Wenn Ihr Hund stehen bleibt und schnüffelt, dann können Sie sich ebenfalls auf die Umgebungsgerüche, die je nach Jahreszeit ganz unterschiedlich sein können, besinnen. Können Sie überhaupt etwas riechen?
- Sie können sich bewusst näher zu der Schnüffelstelle stellen und genau beobachten, wie Ihr Hund diese Stelle „bearbeitet". Ist er sehr genau oder eher hektisch dabei?
- Nimmt Ihr Hund das menschliche Interesse an seiner Schnüffelarbeit wahr?

Die Schnüffelsafari

Wann hat das letzte Mal Ihr Hund entschieden, wo es lang geht? Hierbei ist es egal, ob Sie in einem bekannten oder unbekannten Gebiet unterwegs sind. Vermeintlich ist es aber einfacher in einem nicht oder nicht so bekannten Gebiet, gerade, wenn Sie in einem bekannten Gebiet immer dieselbe Runde drehen. Denn dann kann es passieren, dass der Hund aus der Routine oder dem Gehorsam heraus, selbst wenn er entscheiden kann, dieselbe Runde läuft wie immer.

Bei der Schnüffelsafari steht zu Beginn nicht fest, wo der Spaziergang langgeht. Dieses kleine Abenteuer kann sowohl an der Schleppleine als auch ohne Leine erlebt werden. Ihr Hund darf in jeder möglichen Abbiegung oder Kreuzung selbstständig entscheiden, wo er langgehen möchte oder wo ihn ein spannender Geruch hinbringt.

Sie können dabei wunderbar einige Einzelheiten beobachten: Zum Beispiel, ob Ihr Hund einen Weg wählt, der scheinbar der kürzeste oder der längste zurück zum Ausgangspunkt ist. Läuft der Hund vielleicht geradewegs in einen Weg rein und entscheidet sich dann doch um und nimmt einen anderen? Oder läuft er Wege doppelt. Reizt ihn ein Querfeldein mehr als der eigentliche Weg. Mit welchem Anteil ist die Nase unterwegs oder ist dem Hund im Moment mehr nach Rennen?

Bei der Schnüffelsafari spielt Ihre menschliche Körpersprache eine bedeutende Rolle. Läuft Ihr Hund in einen Weg rein und Sie bleiben von dem Weg abgewandt stehen kann es gut sein, dass der Hund aus dem Weg wieder herauskommt, weil er das Gefühl hat, Sie gehen die von ihm ausgesuchte Richtung nicht mit. Gehen Sie hinge-

Einfach mal den Hund den Tour-Guide sein lassen.

gen zügig mit, verfolgen Sie den von dem Hund gewählten Weg augenscheinlich gerne. Wenn der Hund es nicht kennt, die Spaziergangs-Route selbst auszusuchen, benötigt er schnelles Feedback, dass es richtig und gewollt ist, was er da gerade macht.

Waldbaden für den Zweibeiner

Während der Hund sich im Wald seinen olfaktorischen Gerüchen hingibt, können Sie für sich ebenfalls etwas Gutes tun. Je nach Jahreszeit bietet der Wald unterschiedliche Möglichkeiten abzuschalten und neue Energie zu tanken – ohne Regeln und ohne Ziel:

- Sie können einfach nur bewusst die Stille genießen. Dabei fällt Ihnen vielleicht sogar auf, ganz still ist es nicht, weil ein leichter Wind dazu führt, dass die Blätter leise rauschen. Oder sind doch Tierlaute zu hören?
- Das häufig leicht feuchte Klima im Wald lädt zum Waldatmen ein: Atmen Sie einfach mal ganz bewusst. Dadurch passt sich die Atmung der gerade erlebten Situation an. Es entspannt Ihren Körper und die Energie des Waldes wird noch bewusster wahrgenommen. Einatmen durch die Nase und langsames Ausatmen durch den Mund lässt Sie direkt die Energie des Waldes wahrnehmen.
- Wenn es die Temperaturen zu lassen, können Sie den Wald einmal barfuß durchstreifen. Wie fühlt sich der Waldboden an

oder das weiche Moos unter den Füßen? Das spricht Ihren Fühl-Sinn an und Sie bekommen eine kleine Vorstellung davon, was die Pfoten eines Hundes fühlen. Allerdings sollten Sie dabei bedenken, dass der Hund immer „ohne Schuhe" läuft und Hundepfoten dafür ausgelegt sind.

- Gerade im Sommer, aber genauso im Herbst bietet der Wald ein weites Farbspektrum. Die Blätter haben eine wahnsinnige Farbintensität. Gemeinsam mit Licht und Schatten sorgen sie für eine außerordentliche Farbvielfalt. Beim Waldbaden können Sie dieses Farbspiel besonders intensiv wahrnehmen und genießen.
- Schalten Sie alle Gedanken ab, bauen Sie Stress ab und inhalieren Sie die positive Wirkung des Waldes. Manchmal ist einfach Nichtstun angesagt.
- Waldbaden tut Körper und Seele gut. Bewusst mit der Natur zu interagieren, schafft positive Energie in und für Ihren Alltag. Für einen kleinen Moment können Sie eine kurze Achtsamkeitsübung erleben: Dabei schauen Sie sich einen Baum in allen Einzelheiten und im Ganzen, d. h. 360 Grad an. Welche Farben sehen Sie? Welche Rillen hat die Rinde? Wie fühlt sich der Baum an? Duftet Moos am Stamm? Und was können Sie noch entdecken?

Detektiv Hundenase: Verloren-Suche von Naturgegenständen

Bei der Suche nach verlorenen Gegenständen lernt der Hund Dinge wiederzufinden, an dem der Geruch seines Menschen haftet. Dabei können Sie dem Hund beibringen, dass er den Gegenstand findet und anzeigt oder diesen sogar herbringt, also apportiert. Diese Idee beschränkt sich allerdings auf das

Den Wald bewusst zu genießen, ist erholsam und entspannend.

Finden und Zeigen von Dingen aus dem Wald. Am besten ist es, wenn es keine Ablenkungen gibt.

Dazu brauchen Sie nur ein paar Leckereien, wie Trockenfutter oder kleine Käsewürfel, und einen Naturgegenstand aus dem Wald, wie Tannenzapfen, Stöckchen oder Stein.

SPAZIERGANG 1

- Gemeinsam geht es auf die Spaziergangsrunde.
- Sie suchen sich einen Naturgegenstand (z. B. einen Tannenzapfen) aus.
- Sie tragen den ausgewählten Naturgegenstand eine Weile (ca. 15 Min.) mit sich herum, damit er schön mit Ihrem eigenen Individualgeruch getränkt wird. In dieser Zeit kann der Hund sich lösen und schnüffeln.
- Nun lenken Sie die Aufmerksamkeit des Hundes auf sich und den Gegenstand, in dem Sie den Gegenstand in der Hand zum Beispiel hin und her winken.
- Dann werfen Sie den Gegenstand sichtbar eine kleine Entfernung (1–3 m) in die Richtung, aus der Sie beide gekommen ist.
- Der Hund darf sofort hinterherlaufen und wird dafür verbal gelobt und somit in dem, was er tut, bestätigt. Wenn Sie mögen, können Sie ihm, beim Gegenstand angekommen, zusätzlich noch ein Leckerli geben.
- Sie sammeln den Gegenstand wieder auf und gemeinsam geht es weiter auf dem Spazierweg.
- Dann wiederholen Sie das offensichtliche Verlieren noch ein paar Mal und belegen es mit einem Begriff, wie „Finde-Verloren“. So wird ganz nebenbei die Suche mit einer verbalen Aufforderung verknüpft.

SPAZIERGANG 2

- Sie beginnen wie bei Spaziergang 1 als Wiederholung. Dazu nutzen Sie auch den gleichen Gegenstand (z. B. wieder einen Tannenzapfen).
- Jetzt kommt die Nase ins Spiel, denn Sie verlieren den Gegentand, ohne dass Ihr Hund es mitbekommt. Anschließend gehen Sie noch 1–2 m weiter und bleiben stehen.
- Bevor Sie nun den Begriff „Finde-Verloren“ nennen, müssen Sie erst wieder sicherstellen, dass Sie die Aufmerksamkeit des Hundes haben. Zusätzlich können Sie bei den ersten Einheiten in die Richtung des verlorenen Gegenstandes mit dem ausgestreckten Arm zeigen.
- Läuft Ihr Hund in Richtung des verlorenen Gegenstands loben Sie dies verbal z. B. mit dem Wort „Prima“ und gehen ebenfalls mit zum Gegenstand.
- Angekommen beim Gegenstand erhält Ihr Hund von Ihnen ein Leckerli als Belohnung.
- Sie stecken den Gegenstand anschließend ein und können ihn auf dem Spaziergang erneut verlieren.

SPAZIERGANG 3

Sie wiederholen die Schritte des 2. Spaziergangs, allerdings mit einem anderen Naturgegenstand, z. B. einem Stock oder einem Stück Baumrinde. Dies wird Generalisierung genannt. So lernt der Hund, dass es bei der

Der Hund prüft, ob es der verlorene Gegenstand ist.

Verloren-Suche nicht stets um denselben Gegenstand geht, sondern es immer Gegenstände sind, die Ihren Individualgeruch tragen.

Variante

Verlieren Sie auch einmal Dinge, die auf den ersten Blick nicht so offensichtlich sind, wie etwas Moos oder Blätter.

Bei der Verloren-Suche sollten Sie immer bedenken, jeder Hund lernt in seinem Tempo. Und es ist noch kein Meister vom Himmel gefallen. Deshalb sollten Sie jeden Schritt einfach so oft wiederholen, wie es nötig ist, damit der Hund die Verlorensuche verinnerlicht hat.

Bäumen eine Umarmung schenken

Sie suchen sich einen Bereich im Wald aus, in dem mehrere dickere Bäume stehen. Dann fangen Sie an, in einer selbstgewählten Reihenfolge Bäume zu umarmen. Dabei sollten Sie den Baum möglichst mit dem gesamten Körper berühren, sodass der eigene Geruch sich gut auf allen Zonen des Baumes verteilt.

Oder, wenn das Wetter nicht so gut ist, können Sie die Bäume nur mit Ihren Händen berühren. Hier sollten Sie die Hundehöhe bedenken, denn nur dann kommt der Hund an den Geruch heran. Ihr Hund darf gerne zuschauen, wird aber nicht aktiv dazu aufgefordert.

Vorab: Wir haben durch unsere eigene Riechleistung oft die Vorstellung, dass wir an das, was wir riechen möchte, ganz nah heran müssen. Hunde sind da anders, denn sie müssen durch ihr großartiges Riechvermögen nicht so nah heran, wie wir denken. Daher müssen wir manchmal genauer hinschauen, was der Hund riecht.
Nun beginnen Sie den eigenen Hund zu beobachten:

- Interessiert der Hund sich ebenfalls für die Bäume, die Sie umarmt oder berührt haben oder nicht?
- Welche Stellen am Baum sind für den Hund interessant? Genau die Stellen, die Sie berührt haben, oder ist es in Ihren Augen eher daneben, für den Hund aber genau richtig?
- Geht Ihr Hund zu allen Bäumen, die Sie berührt haben, oder nur zu einem oder einigen wenigen?
- Nimmt der Hund die gleiche Reihenfolge wie Sie oder vielleicht sogar die umgekehrte Reihenfolge? Dahinter steht die Frage: Geht der Hund erst zum frischesten oder zum ältesten Geruch von Ihnen oder hat er keine Reihenfolge, was das Geruchsalter angeht?
- Ändert sich die Köpersprache des Hundes, wenn er in Ihr Geruchsbild eintritt?

Mit einer Baumumarmung verteilt sich der menschliche Geruch am Stamm.

UNTERWEGS AUF ASPHALT

Nicht jeder den Wald direkt vor der Haustür. Doch wenn Sie mit einem anderen Blickwinkel vor die Haustür gehen, entdecken Sie ganz neue Möglichkeiten, die Nasenarbeit des Hundes einfach nebenbei zufriedenzustellen.

Auch wenn der Wald nicht nah genug ist, um eben mal schnell auf Schnüffeltour gehen zu können, oder das Zeitfenster für ausgiebige Schnüffeltouren nicht reicht, können Sie prima kleine Einheiten direkt vor der Haustür durchführen.

Manchmal reicht sogar der Blick auf den Abfallplan, denn in den Tonnen und an den Tonnen gibt es ein Vielfaches an Gerüchen.

Idee Mülltonnen

Genau hier ist wieder spannend zu beobachten, dass wir Menschen aufgrund der Tonnenfarbe den Inhalt kategorisieren. Die meisten Papiertonnen sind blau und für uns „geruchslos", im Gegensatz zu den grünen Biotonnen, vor allem im Sommer. hingegen ist meist mit verderblichen Dingen gefüllt und gerade im Sommer können sogar wir den Geruch wahrnehmen. Aber welche Gerüche sind eigentlich für unsere Hunde spannend? Ist es die blaue Tonne, weil sie menschlichen Geruch trägt oder weil der Artgenosse dagegen gepinkelt hat? Oder doch die Biotonne, weil sie für den Hund nach leckerem Futter riecht? Vielleicht macht er auch einen Bogen um eine Tonne, weil für ihn die Tonne ebenfalls unangenehmen riecht.

Variante

Sperrmüll

Wurde bei den Nachbarn oder in der Nachbarschaft Sperrmüll herausgestellt, dann stehen lauter unterschiedlich riechende Dinge aus privaten Haushalten auf der Straße. Ein wahres Geruchsmeer für Hunde – egal, ob der Individualgeruch der Menschen oder vielleicht ein entsorgter Katzen-Kratzbaum.

Solange der Sperrmüll für uns sichtbar ist, können wir uns ungefähr vorstellen, warum der Hund sich an dieser Stelle gerne aufhält und schnüffelt. Aber sobald das Visuelle weg ist, kann es sein, dass wir den Haufen kaputter Möbel schon wieder vergessen haben.

Für den Hund riecht die Stelle aber weiterhin am nächsten Tag oder sogar viele Tage danach noch anders. Hier gilt wieder das Motto für den Hund: „Ich rieche was, was du nicht riechst oder siehst." Wenn Sie den

Mülleimer und große Müllcontainer sind vielfältige Geruchsträger.

Hund aber achtsam bei seiner Schnüffeltour beobachten, können Sie ihm an dieser Stelle in Ruhe und ausgiebig riechen lassen. Es ist fast ein wenig wie an einem echten Tatort: Denn der Leichenspürhund kann auch den Ort anzeigen, wo die Leiche lag, ohne dass der Tote noch da ist.

Für das Schnüffelerlebnis an den großen Tonnen macht auch ein Ausflug in die Industriegebiete Sinn.

Verloren-Suche Stadt

Hierfür brauchen Sie einen Stein, Tannenzapfen oder etwas, das Sie nicht mehr benötigten. Diese Art der Verloren-Suche können Sie auf jeden Fall in der Stadt bzw. im Wohngebiet gemeinsam durchführen:

TAG 1

- Sie versehen wieder einen Gegenstand mit Ihrem Individualgeruch, indem Sie ihn längere Zeit (min. 30 min) nah am Körper tragen.
- Diesen Gegenstand verstecken Sie dann auf der Route, die Sie standardmäßig mit Ihrem Hund Gassi gehen, z. B. in einer Mauer oder Hecke. Entweder lassen Sie Ihren Hund bewusst dabei zuschauen, gehen dann jedoch zügig weiter. Oder Sie verstecken den Gegenstand, ohne dass der Hund dabei ist.

Der Hund beschäftig sich intensiv mit der Versteckstelle.

TAG 2

Was passiert nun, wenn Sie beide am nächsten Tag in die Nähe des Verstecks kommen?

- Gar nichts, weil der Hund mit anderen Geruchsquellen beschäftigt ist.
- Der Hund scheint sich an den Geruch zu erinnern und läuft zielstrebig zum versteckten Gegenstand. Das geht natürlich nur, wenn er beim Verstecken dabei war.
- Erst ganz in der Nähe des Verstecks scheint der Hund Ihren Geruch wahrzunehmen.
- Zuerst läuft Ihr Hund am Geruch vorbei, stoppt dann und dreht noch einmal um, um nach der Geruchsquelle zu suchen. Hier können Sie dann wieder einen Head-Turn (schnelles Drehen des Hundekopfes) beobachten.
- Sie lassen den Gegenstand in seinem Versteck.

TAG 3

Was passiert nach zwei oder mehr Tagen, wenn Sie gemeinsam mit Ihrem Hund an der „Versteckstelle“ vorbeikommen?

- Nichts, denn der Hund scheint sich nicht offensichtlich für den versteckten Gegenstand zu interessieren.
- Der Hund geht frühzeitig zum Versteck. Er scheint sein Geruchsgedächtnis zu nutzen.
- Er läuft am Versteck vorbei, wendet und interessiert sich nun doch für den Gegenstand.
- Er bemerkt den Gegenstand mehr aus dem Augenwinkel heraus, geht aber nicht direkt hin.

Variante 1

Sie bitten eine andere Person, dessen Geruch der Hund kennt, einen Gegenstand, der mit seinem Geruch versehen ist, auf der Gassi-Runde zu verstecken. Entweder lassen Sie sich das Versteck verraten, damit Sie den Hund genau beobachten können. Oder Sie lassen sich überraschen, ob der Hund das Versteckte findet und dies tatsächlich zeigt. Das Zeigen kann sich ganz unterschiedlich darstellen: intensives Schnüffeln, wedeln, der ganze Körper bewegt sich oder weitere Varianten. Es ist aber nicht notwendig, dass der Hund eine „richtige" Anzeige wie ein Sitz oder Platz zeigt oder erlernt.

Variante 2

Ein anderer Hundebesitzer soll von seinem Hund ein kleines Haarbüschel so verstecken, dass es nicht wegfliegt, aber immer noch gut zu erschnüffeln ist. Im Gegenzug können Sie dann etwas Fell Ihres Hundes für den anderen Vierbeiner verstecken. Diese Variante ist besonders für die Hunde geeignet, die nicht so gerne direkten Artgenossenen-Kontakt haben wollen, aber gerne den Geruch des anderen ausgiebig erschnüffeln mögen.

Abenteuer Schnüffeltour Fußgängerzone

Auf den ersten Blick ist eine Fußgängerzone nicht der erste Ort, an den Sie denken, wenn Sie mit dem Hund auf Schnüffeltour gehen. Wenn Sie allerdings ein paar Dinge berücksichtigen, kann es eine spannende und entspannte Tour geben. Sie müssen beispielsweise nicht im größten Samstagstrubel in

Die City ist voll mit spannenden Gerüchen.

die Stadt gehen, sondern können einen ruhigeren Sonntag wählen. Oder Sie gehen schon früh morgens oder spät abends, wenn noch alle Geschäfte zu sind oder wieder zu haben. Bevor es losgeht, sollten Sie dem Hund vorab die Gelegenheit geben, sich noch mal in Ruhe zu lösen. Für den Fall der Fälle sollten Sie anschließend dennoch mit Kotbeuteln ausgestattet sein.

Ein Abenteuer Fußgängerzone steht ganz unter dem Motto: „Ich rieche was, was du nicht siehst." Denn im städtischen Gebiet ist die Dichte von menschlichen Spuren viel höher als z. B. im Wald. Zu ruhigen Zeiten für uns nicht sichtbar, aber stellen Sie sich kurz vor, dass alle Menschen der letzten vier Wochen gleichzeitig in der Stadt wären. In der Geruchswelt der Hunde sind all diese Gerüche noch da. Zudem allerlei andere Gerüche, wie Mülleimer, fallengelassene Lebensmittel, Tauben etc. Mit einer Tour durch die Fußgängerzone erhält Ihr Hund demnach ein großes Geruchsspektrum, was er sonst vielleicht nicht hat.

Am Bahnhof lassen Reisende viele Gerüche zurück.

Pferde können gut auf Abstand erschnüffelt werden.

Variante

Kirmes oder Weihnachtsmarkt

Egal, ob kleine oder große Märkte, insbesondere hier ist die Anzahl der menschlichen Gerüche weitaus höher als zu anderen Zeiten im Jahr an diesen Plätzen. Auch hier gehen Sie besser nicht zur Rushhour auf Schnüffeltour, sondern außerhalb der Öffnungszeiten oder wenn der Markt einen Ruhetag hat.

Variante

Bahnhof

An Bahnhöfen ist der „Durchlauf“ an menschlichen Spuren ebenfalls sehr hoch. Hinzu kommt, dass hier vermehrt Adrenalin in der Luft liegt, weil es häufig hektisch zugeht. Dies ist für Hunde ein besonderer Duft. Je nachdem wie selbstsicher Ihr Hund ist, können Sie für einen Schnüffelspaziergang einen kleineren oder größeren Bahnhof wählen. Neben den vielen Gerüchen am Bahnhof sollten Sie jedoch auch die erhöhte Geräuschkulisse bedenken.

Variante

Zoo oder Wildgehege

Animalische Gerüche sind für Hunde oft sehr reizvoll. Viele Tierparks erlauben die Mitnahme von Hunden, selbstverständlich angeleint. Bei manchen Zoos haben Sie sogar von außen noch genügend Zugang zu den tierischen Gerüchen und können so Ihren Schnüffelspaziergang um den Tierpark herum legen.

Alternativ zum Zoo können Sie den Spaziergang mit Schnüffeleinheiten auch um ein Wildgehege herum planen.

Hunde können gut auf Abstand Artgenossen riechen.

Artgenossen hinterher schnüffeln

Wenn Sie mit Ihrem Hund an der Leine unterwegs sind, möchte der Hund (oder Sie beide) vielleicht keine direkten Begegnungen mit einem anderen Hund haben, sondern einfach nur aneinander vorbeigehen. Was aber nicht heißen muss, dass Ihr Hund sich nicht trotzdem gerne mit dem Geruch des anderen Vierbeiners auseinandersetzen will. Es spricht auch nichts dagegen, dass der eigene Hund den Bereich, den der andere Hund gelaufen ist, intensiv beschnüffeln kann.

Wenn sich dieser Schnüffelbereich in einem Kreuzungsbereich befindet, kann es durchaus sein, dass Sie an Ihrem Hund erkennen können, aus welcher Richtung der andere Hund kam. Wie? Der Hund geht zuerst in den Kreuzungsarm, aus dem der andere Hund kam, und dreht dann wieder in die Richtung, in die der Hund anschließend gelaufen ist.

Vielleicht hat der Artgenosse irgendwo in dem Bereich, in dem sie beide waren, markiert. Dies sind ebenfalls wertvolle Informationen, die Ihr Hund lesen mag. Diese Zeit des „Hinterher-Schnüffelns“ sollten Sie Ihrem Hund, wenn möglich, geben. Hat er alle für ihn interessanten Informationen aufgenommen, wird er selbstständig weitergehen.

INDOOR – SPANNENDES FÜR DIE HUNDENASE

Keine Zeit oder nicht das passende Wetter für ausgiebige Spaziergänge? Dann sind die nachfolgenden Indoor-Ideen rund um das Thema Geruch genau richtig.

Überspringende Witterung

Zudem ist eine Suche in geschlossen Räumen ohnehin noch mal anders als im Freien, denn dort gibt es oft eine andere Geruchsverteilung, eine sogenannte überspringende Witterung. Das heißt zum Beispiel, dass die Geruchswolke zur Decke aufsteigt und an einer anderen Wand als die Quelle des Geruches wieder hinabfällt. Das ist der Zeitpunkt, wo Sie sich vielleicht wundern, warum der Hund sich für eine Ecke im Raum besonders interessiert, obwohl auf den ersten Blick dort gar nichts zu sehen oder zu riechen ist.

Abdruck: Die einmalige Hundenase festhalten

Um sich die eigene Hundenase genauer anschauen und nachträglich vergrößern zu können, ist ein Foto perfekt geeignet. Dazu sollten Sie nicht nur die Nase von vorne fotografieren, sondern auch seitlich, damit Sie sich auch die Nasenschlitze genauer ansehen können.

Zusätzlich können Sie, wenn Sie mögen, einen farbigen Nasenabdruck ganz einfach selbst herstellen. Dazu bitte vorab prüfen, ob eine Unverträglichkeit auf Lebensmittelfarbe bei Ihnen oder Ihrem Hund besteht.

SIE BRAUCHEN DAZU

Handtuch, Lebensmittelfarbe in einer selbstgewählten Farbe, Krepppapier, weißes Papier

So geht es

- Trocknen Sie die Hundenase mit dem Handtuch kurz ab.
- Geben Sie auf das Krepppapier ein wenig Lebensmittelfarbe.
- Betupfen Sie die Hundenase und die Seite der Hundenase ohne Druck mit der Farbe.
- Mit dem weißen Papier vorsichtig den Abdruck von der Hundenase nehmen. Dabei auch die Seiten nicht vergessen.
- Lassen Sie dann den Abdruck auf dem Papier trocknen.
- Dann wischen Sie die Hundenase sauber.
- Abschließend können Sie dem Hund eine Belohnung fürs Stillhalten geben.

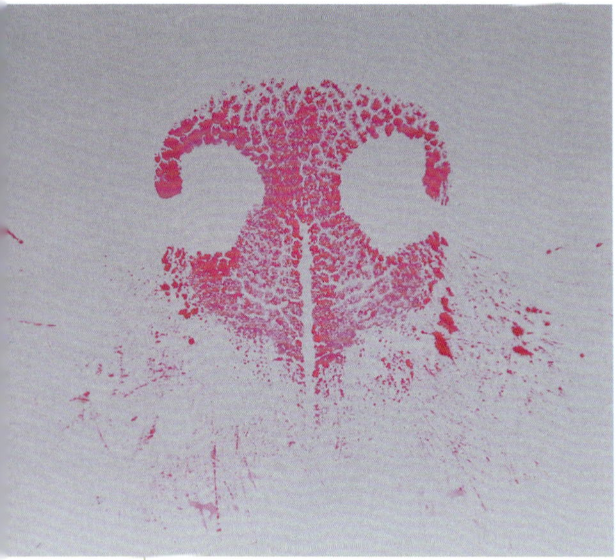

An einem Nasenabdruck gibt es viel zu entdecken.

Dieser Nasenabdruck ist eine schöne Erinnerung. Und wer mag kann sich die eingerahmte Nase aufhängen oder die Nase in unterschiedlichen Größen mehrfach auf ein Blatt „drucken" – dies ergibt ein außergewöhnliches Kunstwerk. Das geht natürlich auch mit Pfoten-Abdrücken.

TIPP

Wenn Sie einen hibbeligen Hund haben, nehmen Sie sich am besten noch eine weitere Person zur Unterstützung, die den Hund festhalten kann, während Sie den Abdruck erstellen.

Zum Schluss können Sie sich folgende Fragen stellen:

- Was erkennen Sie an der Original-Nase, bevor Sie ein Foto hatten oder den Abdruck durchgeführt haben?
- Was erkennen Sie jetzt auf dem Foto oder dem Abdruck?
- Und was sehen Sie danach bei der Nase Ihres Hundes?

Neue Gerüche von draußen

Wenn Sie ohne Ihren Hund unterwegs waren, dann bringen Sie jede Menge neue und natürlich oft spannende Gerüche mit nach Hause. Vielleicht hat ein Hund vor dem Geschäft an ihrer Hose geschnüffelt oder Sie haben einen anderen Menschen ausgiebig umarmt, weil Sie ihn so lange nicht gesehen haben.

Kommen Sie dann nach Hause, riecht Ihr Hund dies selbstverständlich sofort. Ihr Bedürfnis ist vielleicht, schnell den Einkauf wegzuräumen oder andere Dinge zu tun. Aber Sie könnten stehenbleiben, das Hosenbein ruhig halten und Ihren Hund ein wenig ausgiebiger die Draußen-Informationen lesen lassen.

Dabei können Sie wiederum die Schnüffelei Ihres Hundes aktiv beobachten:

- Wie ausgiebig interessiert sich der Hund für die Fremdgerüche?
- Wie bewegen sich die Hundenase und deren Nasenflügel dabei?
- Können Sie eine andere Schnüffelfrequenz wahrnehmen, also beispielsweise ein schnelleres Schnüffeln?
- Macht es einen Unterschied, ob Sie sitzen oder stehen?

Hunde sind interessiert, was der Mensch zwischenzeitlich gemacht hat.

Aufnahme des Schnüffelsounds

Am einfachsten ist es, den Schnüffelsound aufzunehmen, wenn Sie Ihrem Hund ein paar Leckerchen (Trockenfutter oder Wurstwürfel) auf den Rasen verstreuen, alternativ geht auch Indoor oder auf dem Waldboden. Sobald der Hund mit der Suche anfängt, nehmen Sie mit dem Handy das Schnüffelgeräusch auf. Dazu einfach die Memo-Aufnahme-Funktion im Handy nutzen. Wenn Sie ein herkömmliches Gerät, wie ein Diktiergerät, zu Hause haben, können Sie dies genauso gut verwenden.

Beginnt der Hund nach den Leckerchen zu suchen, wird er die Schnüffelfrequenz ändern. Diese gilt es nun von Ihnen audiotechnisch festzuhalten, in dem Sie das Mikro möglichst nah an die Hundenase halten – ohne den Hund bei seiner Suche zu stören. Am besten drücken Sie schon auf Aufnahme, bevor Sie das Handy Richtung Hundenase halten.

Im Anschluss an die Aufnahmen können Sie sich dann ganz in Ruhe die Schnüffelsequenzen anhören und dies sogar mehrmals. Wie hört sich das aktive Riechen des Hundes an:

- Welche Unterschiede zum Atmen in der Ruhe können Sie bei der aktiven Suche feststellen?
- Erkennen Sie den Unterschied zum Ein- und Ausatmen?
- Was folgt auf ein schnelles aufeinanderfolgendes Schnüffeln?
- Gibt es unterschiedlich lautes Riechen?
- Hört sich das Schnüffeln immer gleich an oder gibt es z. B. so etwas wie ein Schnauben?

Wenn der Hund tief und fest schläft, können Sie sehr gut zum Vergleich das Riechen und Atmen im Ruhe-Modus aufnehmen und diesen Schnüffelsound mit dem in der aktiven Suche vergleichen.

Lässt es der Hund auch in der freien Wildbahn zu, dass Sie sein Schnüffeln aufnehmen, können Sie gut zwei Dinge vergleichen: Schnüffelt der Hund bei einer gezielten Suche nach Leckerchen anders, als wenn ihm zufällig etwas in die Nase weht, wie beispielsweise eine Pipi-Stelle von einem Artgenossen? Für letzteres müssen Sie gut vorbereitet sein, das Handy schon in der Hand halten, sodass Sie es nur noch schnell Richtung Hundenase halten und auf Aufnahme drücken müssen.

Mit einer Handyaufnahme kann man sich das Schnüffelgeräusch in Ruhe anhören.

(Serien)-Bilder Schnüffeln

Sie können nicht nur den Schnüffelsound aufnehmen, sondern auch die Hundenase fotografieren, um sich in Ruhe anschauen zu können, ob und wie sich die Nase bei der Suche nach etwas verändert.

- Verstreuen und/oder verstecken Sie ein paar Leckerchen drinnen oder draußen.
- Fotografieren Sie die Nase von vorne (Nasenlöcher) und von der Seite (Nasenschlitz), wenn der Hund im Ruhemodus ist.
- Machen Sie nun Bilder, während der Hund nach seinen Leckerchen sucht. Um besonders gut Veränderungen bildlich festzuhalten, eignet sich entweder der Serien-Modus der Kamera oder Sie erstellen einfach viele Bilder hintereinander.

Videoaufnahme Schnüffeln

- Verstreuen bzw. verstecken Sie ein paar Leckerchen drinnen oder draußen. Am besten so, dass Ihr Hund nicht auf Anhieb jedes Leckerchen sofort sieht, sondern auch wirklich seine Nase einsetzen muss.
- Nehmen Sie nun mit Ihrer Kamera oder Ihrem Handy die Suche nach den Leckerchen auf.
- Im Anschluss können Sie sich das Video in aller Ruhe anschauen und den Hund viel genauer bei der Suche beobachten, ggf. können Sie einzelne Sequenzen mehrfach anschauen:
- Geht Ihr Hund systematisch während der Suche vor?
- Findet er zufällig die Leckerchen?
- Macht er erst eine Fein- und dann eine Grobsuche?
- Können Sie einen sogenannten Head-Turn (schnelle Kopfbewegung in eine andere Richtung) beobachten, wenn der Hund in den Geruch der Leckerchen eintritt?
- Sucht der Hund eher mit einer hohen oder niedrigen Kopfhaltung?
- Ist der Fang (Unter- und Oberkiefer) bei der Suche geöffnet oder geschlossen?
- Sucht der Hund auch noch weiter, wenn alle Leckerchen gefunden worden sind?

Variante

beim Verstecken

Ihr Hund schaut nicht zu, wenn Sie die Leckerchen im Zimmer verstecken. Dann verstecken Sie die Leckerchen mit System, z. B. im Uhrzeigersinn, oder Sie laufen beim Verstecken kreuz und quer durch das Zimmer. Wenn Sie sich dann das Video anschauen, können Sie beobachten, ob der Hund sich an den eigenen Wegen orientiert oder ob es unerheblich scheint, in welcher Reihenfolge Sie die Leckerchen versteckt haben.

TIPP

Wenn Ihr Hund nicht eigenständig in die Suche geht, können Sie ihn mit einem der Leckerchen anfüttern und ihm das Kommando „Suchen“ geben.

Leider müssen Sie sich immer mehr mit dem Thema „Futteraufnahme“ außerhalb der eigenen vier Wände beschäftigen, da Giftköder vermehrt auftreten. Daher muss jeder für

Dank Videosequenzen können wir uns körpersprachliche Signale genauer anschauen.

sich selbst entscheiden, ob er draußen mit Futter-Suchen arbeiten möchte oder lieber nicht. Denn egal, wie gut Sie die Nichtaufnahme von Fremdfutter und Lebensmitteln trainieren, eine 100-prozentige Garantie, dass der Hund sich nichts „Fremdes" aufnimmt oder sich davon abrufen lässt, gibt es nicht. Da würde nur ein engmaschiger Maulkorb relativ große Sicherheit geben.

Aber der Hund kann sehr wohl unterscheiden zwischen fremden Futter und solchem, das Sie in der Hand hatten und das somit mit Ihrem Individualgeruch belegt ist. Ein Restrisiko bleibt dennoch bestehen.

TIPP

Viele Handys haben mittlerweile eine Slow-Motion-Funktion. Diese kann ebenfalls Dinge „aufdecken", die der Mensch im normalen Beobachtungstempo nicht wahrnimmt bzw. wahrnehmen kann.

Besuch und deren Spuren

Es gibt Menschen, die kommen zu Besuch und mögen Hunde und andere eher nicht. Oder der Handwerker hatte Reparaturen oder Wartungen zu erledigen. Daher muss für diesen Zeitraum der Hund in einem anderen Bereich sein als der Besuch. Und so bekommt der Hund visuell nicht mit, was der Mensch in dieser Zeit getätigt hat oder wo er sich bewegt hat.

Egal, aus welchem Grund jemand da war, verliert er zu jeder Zeit im Haus und oder Garten seinen menschlichen Individualgeruch. Vielleicht ist der Hund während des Besuches auch mit einer anderen Person unterwegs. Egal aus welchem Grund der Hund den Besuch nicht getroffen hat, kann er im Anschluss die menschlichen Spuren verfolgen.

Dazu merken Sie sich entweder ein paar Wege, die der Besuch genommen hat, oder zumindest den letzten Weg, den der Besuch aus dem Haus/der Wohnung gegangen ist. Kommt der Hund nun wieder nach Hause fängt die spannende Beobachtungszeit an. Wie verhält sich der Hund? Auch hier gilt es kein richtig oder falsch.

- Ihr Hund verhält sich so, als ob nichts gewesen ist bzw. Sie können nichts Auffälliges beobachten.
- Gegenstände, die vom Besuch berührt worden sind, wie beispielsweise Tisch und Stuhl, sind für den Hund interessant. Denn hält sich ein Mensch an einer Stelle besonders lange auf, dann hinterlässt er dort eine Geruchsanhäufung seines Individualgeruches.
- Die Nase des Hundes ist eher auf dem Boden und er verfolgt mutmaßlich alle Spuren, die der Besuch gelegt hat, scheint aber keine Prioritäten zu haben, was die letzte Spur aus dem Gebäude heraus ist.
- Besonders interessiert sich der Hund dafür, wie der Besuch wieder aus dem Haus/der Wohnung herausgekommen ist.
- Für den Hund macht es einen Unterschied, ob er den menschlichen Geruch kennt oder ob es ein unbekannter Geruch ist.
- Wenn der Hund merkt, dass Sie durch die Beobachtung die Spuren ebenso spannend finden wie er, beschäftigt der Hund sich länger mit den Spuren, als wenn er allein auf Spurensuche ist.

Variante 1

Wenn es bei Ihnen eine Terrassentür oder einen Kellerausgang gibt, dann können Sie beim nächsten Besuch diesen bitten, das Gebäude nicht auf dem „normalen" Weg zu verlassen. Dann schauen Sie im Anschluss, ob der Hund diesen untypischen Ausgang verfolgt. Wenn der Hund es vielleicht bei diesem ersten Mal nicht für interessant erachtet, der Spur zu folgen, kann es sein, dass er es beim nächsten Mal verwirklicht.

Variante 2

Der Besuch hinterlässt etwas von sich in einem Zimmer, bevor er das Gebäude verlässt. Somit ist ein fremder Geruch zu Hause, der vorher noch nicht da war. Dies können Gegenstände sein, die er länger während des Besuches in der Hand gehalten hat, wie eine Kaffeetasse, ein Pappbecher oder ein

Für uns komplett unsichtbare Spuren kann der Hund einfach erschnüffeln.

Taschentuch. Der Besuch stellt den Gegenstand ins Regal, ins Bad, auf die Fensterbank oder wo sich ein gutes Plätzchen finden lässt.

Wenn der Besuch fort gegangen ist, können Sie einfach schauen, wann der Hund diesen mit Geruch behafteten Gegenstand erschnüffelt oder zufällig findet.

Diese Variante eignet sich ebenfalls, wenn der Hund dabei ist, während der Besuch da ist. In diesem Fall „hinterlässt" der Besuch den Gegenstand in einem Zimmer, in dem der Hund gerade nicht ist, wie beispielsweise im Bad oder Schlafzimmer. Diesen Raum darf der Hund erst wieder betreten, wenn der Besuch wieder gegangen ist.

Alternativ können Sie den Gegenstand übrigens auch richtig verstecken lassen, sodass er nicht sichtbar ist, wie z. B. hinter einem Vorhang oder in einer Schublade. Hier ist es spannend für Sie zu beobachten, ob der Hund direkt und in welcher Art und Weise er auf Spurensuche geht:

- Nimmt Ihr Hund den gleichen Weg zum Gegenstand, wie der „Verstecker" gegangen ist oder nimmt er den Hin- oder Rückweg vom Gegenstand?
- Macht der Hund erst eine Grobsuche und anschließend eine Feinsuche?
- Kommt Ihr Hund dem versteckten Gegenstand eher zufällig auf die Schliche?
- Geht der Hund erst nach Aufforderung in die Suche?

Haben Sie gerade keinen Besuch in nächster Zukunft, können Sie einfach selbst neue

Gegenstände mit dem eigenen Individualgeruch versehen und in der Wohnung verstecken. Anschließend können Sie schauen, ob der Hund sich für den „Neuling“ von allein interessiert. Und selbstverständlich gilt hier wieder: Es gibt kein richtig oder falsch und kein schnell oder langsam.

Macht die Menge einen Unterschied?

Die Theorie besagt, dass Hunde unterschiedliche Mengen erriechen können.

Mit diesen Aufgaben soll herausgefunden werden, ob Ihr Hund bestimmte Prioritäten hat, sei es bezüglich der Menge oder der Art des Futters.

Außerdem können Sie schauen, was sich ändert, wenn Sie diese Aufgabe mehrmals an unterschiedlichen Tagen wiederholen. Ändern sich dann die Vorlieben des Hundes?

AUFGABE 1 – MENGE

Entscheidet sich Ihr Hund für die Hand mit mehr Futter, wenn er die Wahl hat, aber die Menge nicht sehen kann?

Sie brauchen dazu kleine Käse- oder Wurstwürfel, blickdichte Schüssel oder Pappbecher und einen Stuhl:

- Als erstes schneiden Sie die Käse- oder Wurstwürfel so, dass Sie sie gut portionieren können.
- Anschließend werden die Futterwürfel in eine blickdichte Schüssel oder einen Pappbecher getan.
- Der Hund erhält von Ihnen einfach so einen Würfel, damit er eine geruchliche Idee entwickelt, um was es gleich geht.

Verschiedene Mengen riechen für den Hund unterschiedlich.

- Dann setzten Sie sich auf einen Stuhl und nehmen in die eine Hand einen Futterwürfel und in die andere Hand mindestens fünf Würfel.
- Nun strecken Sie die Arme vom Körper weg und möglichst weit auseinander.
- Jetzt stellt sich die Frage, was macht der Hund: Geht er zur Ihrer Hand mit den vielen Futterwürfeln oder zur Hand mit dem einen Würfel?
- Dort, wo der Hund mit seiner Schnauze hin geht, öffnen Sie die Hand und der Hund darf die Futterwürfel essen.
- Die leere Hand füllen Sie wieder mit der gleichen Anzahl Würfel wie vorher auf.
- Und es geht erneut von vorne los, indem Sie die Arme auseinander vom Körper wegstrecken und schauen, welche Hand der Hund wählt.

Variante 1

Hier wird der Abstand zwischen den geschlossenen Händen verringert. Je enger die Hände zusammen sind, desto schwieriger ist es für den Hund, die Mengen zu erriechen.

Variante 2

Der Unterschied zwischen der Anzahl der Futterwürfel in den Händen wird immer geringer. Je geringer der Unterschied ist, desto schwieriger ist es für Hund, die Hand mit der höheren Anzahl zu erriechen.

Variante 3

Außerdem können Sie so ausprobieren, ob es einen Unterschied macht, wenn der Mensch die Hände auf unterschiedlichen Höhen hält.

Variante 4

Sie können die Mengenaufgabe auch machen, indem Sie das Futter unter Pappbecher legen (siehe Aufgabe 2).

AUFGABE 2 – ART DES FUTTERS

Was macht Ihr Hund, wenn er die Wahl hat zwischen verschiedenen Arten von Futter und nur seine Nase zur Unterscheidung nutzen kann? Wählt er das, was er besonders mag? Bitte verwenden Sie nur Futter, von dem Sie wissen, dass es Ihr Hund verträgt. Mit dieser Aufgabe können Sie die Futtervorlieben Ihres Hundes gut gegentesten.

Dafür brauchen Sie: Käse- oder Wurstwürfel, Obst (Apfel, Banane), Trockenfutter, zwei blickdichte Papp- oder Plastikbecher.

- Schneiden Sie die Käse- oder Wurstwürfel und das Obst so, dass Sie sie gut portionieren können.
- Verstecken Sie nun unter dem einen blickdichten Pappbecher z. B. die Wurstwürfel und unter dem anderen die Apfelwürfel. Der Hund sollte beim Verstecken der Würfel unter den Bechern nicht zuschauen. Stellen Sie die Becher mit einem Abstand von 1 m zueinander auf den Boden.
- Der Hund darf nun zu den Bechern laufen.
- Stößt er einen Becher um, darf er das Futter darunter fressen.
- Geht er zwischen den Bechern hin und her, warten Sie ab, bis er längere Zeit bei einem Becher stehenbleibt. Diesen heben Sie dann an und der Hund darf das Darunterliegende fressen.
- Nun können Sie den Becher wieder mit dem gleichen Futter befüllen und testen, ob die Auswahl vielleicht nur Zufall war.

Wir können ausprobieren, ob unser Hund Geschmackspräferenzen hat

Variante 1

Hier werden augenscheinliche Futterfavoriten getestet, wie Nassfutter, gegen nicht ganz so beliebtes Trockenfutter.

Variante 2

Entweder ebenfalls unter Bechern oder zur Sicherheit in den Händen testen Sie Lebensmittel gegeneinander, wie Fleisch (sehr beliebt) und Zitrone (sehr unbeliebt).

Variante 3

Wer gewinnt Menge oder Lieblingsfutter? Dazu einfach unter einen Becher eine kleine Menge Lieblingsfutter legen und unter den anderen Becher eine größere Menge von nicht so beliebtem Futter.

OUTDOOR – IDEEN FÜR DEN GARTEN

Im eigenen Garten können Sie ohne viel Aufwand ebenfalls etwas für die Auslastung der Hundenase tun.

Leckerli-Schnüffel-Spiel

Zuerst schneiden Sie den Käse oder die Wurst in etwa 1 Cent große Stücke.

Variante 1

- Der Hund schaut zu, wie Sie die Würfel im hohen Bogen im Garten an verschiedenen Stellen werfend verstreuen. Diese Art des Auswerfens hat den Vorteil, dass nicht der menschliche Geruch als Spur zum Würfel führt, sondern ausschließlich der Eigengeruch des Würfels. Allerdings haftet daran meist der Individualgeruch. Wollen Sie dies minimieren, können Sie mit Handschuhen arbeiten.
- Wenn der Hund nicht eigenständig in die Suche geht, können Sie ihn mit einem Futterwürfel gut anfüttern und gerne auch verbal dazu ermutigen zu suchen. Sucht der Hund dann trotzdem nicht, können Sie selbst in die Suche gehen nach dem Do-as-I-do-Prinzip. Egal, ob der Hund selbstständig sucht oder Unterstützung von Ihnen benötigt, können Sie ihn für das Finden eines Würfels verbal loben.

Variante 2

- Hier werfen Sie die Würfel im Garten aus, ohne dass der Hund dabei zuschaut.
- Holen Sie dann den Hund in den Garten und schauen, was passiert. Geht der Hund selbstständig in die Suche, weil er die Witterung der Würfel aufnimmt?
- Geht der Hund nicht sofort in die Suche ist ein wenig Geduld gefragt, denn Ihr Hund muss sich erst einmal orientieren, was hier los ist. Wenn er keine Anstalten macht, in die eigenständige Suche zu gehen, dann können Sie sich selbst ein wenig durch den Garten bewegen. Allerdings sollte Sie nicht direkt bei einem Würfel stehenbleiben. Zusätzlich können Sie den Hund natürlich wieder mit einem Futterwürfel anfüttern und verbal unterstützen.

Variante 3

- Der Hund schaut nicht zu, was Sie im Garten machen.
- Sie werfen die Futterwürfel nicht aus, sondern verstecken sie gezielt, sodass Ihr Hund sie nicht direkt sieht, z. B. hinter Blumentöpfen oder Stuhlbeinen. Beim

ersten Mal können Sie die Würfel gut alle in Bodennähe verstecken.

- Sie holen den Hund in den Garten und schauen wieder eine Weile, ob der Hund selbstständig in die Suche geht. Falls nicht, können Sie ihn wie in Variante 2 beschrieben unterstützen.
- Beim nächsten Mal können Sie die Futterwürfel nicht nur am Boden verstecken, sondern gleichfalls höhere Verstecke (sogenannte Hochverstecke) wählen, wie auf dem Blumentopfrand.

Variante 4

- Bei dieser Idee variieren Sie die Größe der Futterwürfel und schauen dann, ob der Hund erst die großen Würfel und anschließend die kleinen Würfel sucht. Oder gibt es keine wirkliche Rangfolge oder Priorität?
- Dabei können Sie entweder die Würfel zuerst alle nur auf dem Boden zerstreuen oder auch auf verschiedenen Ebenen.
- Oder Sie verstreuen verschiedene Futterarten, z. B. Fleisch vs. Obst oder Fleisch vs. Trockenfutter

Variante 5

Diese Variante eignet sich für die kühlere Jahreszeit, wenn Zwei- und Vierbeiner nicht so viel im Garten sind.

- Sie verstecken die Futterwürfel beispielsweise am Morgen, ohne dass es Ihr Hund mitbekommt. Damit die Vogelwelt sich nicht an die Würfel heranmacht, sollten Sie die Würfel in dieser Variante wirklich gut verstecken.
- Dann gehen Sie mit dem Hund spazieren und lassen so Zeit verstreichen, bis Sie mit dem Hund in den Garten gehen.

Futtersuche im Garten macht Spaß.

- Erst wenn einige Zeit verstrichen ist, gehen Sie mit dem Hund in den Garten. Wieder schauen Sie, ob der Hund in die eigenständige Suche geht oder er Unterstützung benötigt mit Anfüttern oder durch die eigene Bewegung.
- Außerdem können Sie beobachten, ob Futter, was längere Zeit versteckt war, bevor die Suche losgeht, schwerer oder einfacher für den Hund zu suchen ist.

FÜR ALLE AUFGABEN-VARIANTEN GILT

Sehen Sie dem Hund bei der Suche zu. Somit zeigen Sie Ihrem Hund gegenüber nicht nur Interesse, an dem was er tut, sondern Sie können dabei den Hund gleichzeitig sehr gut beobachten:

- Hat Ihr Hund eine bestimmte Suchtaktik?
- Verändert sich seine Körpersprache bei der Suche, ist sie zum Beispiel angespannter?
- Was passiert, wenn er an einem Futterwürfel vorbeiläuft? Stoppt er abrupt ab und geht zurück?
- Oder können Sie den sogenannten Head-Turn beobachten?
- Sucht der Hund nur so lange, bis er alle Futterwürfel gefunden hat, oder sucht er noch weiter?

Das aus Versehen „vergessene“ Pizzastück

Idee: Hier wird „Etwas“, zum Beispiel ein übrig gebliebenes Pizzastück, im Garten platziert oder versteckt, ohne dass der Hund dabei zuschaut. Egal, was Sie auswählen, sollte der Hund dieses Essbare vertragen.

- Verstecken Sie das „Pizzastück“ nicht auf den ersten Blick sichtbar im Garten. Beim ersten Mal kann es ein einfacheres Versteck sein. Beim nächsten Mal darf es ruhig ein wenig kniffliger sein, z. B in einer Plastikbox, deren Deckel bei einer Suche lose aufliegt und bei einer anderen Suche verschlossen ist.
- Gehen Sie nun gemeinsam mit ihrem Hund in den Garten. Dabei verhalten Sie sich vollkommen neutral und fordern den Hund auch nicht aktiv zu einer Suche auf.
- Sie beobachten jetzt, was der Hund im Garten macht:
- Der Hund verhält sich wie immer und scheint das „Pizzastück“ nicht in die Nase zu bekommen.
- Der Hund verhält sich erst wie immer und bekommt dann den Pizzageruch in die Nase und macht sich genauer auf die Suche.
- Trotz der Grobsuche scheint der Hund das Pizzastück nicht genau lokalisieren zu können, dann können Sie sich der Fundstelle ein wenig nähern und den Hund verbal, zum Beispiel mit den Worten – „Riech mal genauer“ – motivieren. Bis hin, dass Sie in die Richtung des Pizzastücks mit der Hand oder mit dem Finger zeigen.
- Wenn der Hund das Pizzastück gefunden hat, dann darf er es als Belohnung verspeisen.

Variante

Sie verstecken ein neues Spielzeug, beispielsweise einen Zergel, welches Sie einige Zeit mit Ihrem Individualgeruch versehen haben. Dazu stecken Sie nach dem Kauf auf

Manchmal kann es auch eine außergewöhnliche Belohnung sein.

dem Rückweg den Zergel in den Hosenbund oder unter den Pullover, sodass er Zergel Hautkontakt hat. Findet der Hund das Spielzeug, wird gemeinsam damit gezergelt.

Es sei denn, der Hund ist Allein-Spiel-Typ oder trägt den Zergel durch den Garten, dann ist dies ebenfalls eine sehr gute Belohnung für den Hund.

Egal, ob Pizzastück, Zergel oder etwas anderes hat der Hund alle Zeit der Welt, den „vergessenen“ Gegenstand zu finden. Auf jeden Fall ist es immer wieder spannend zu beobachten, wie der Hund seine Welt mit der Nase sieht (riecht), ohne dass er dazu eine konkrete Aufgabe bekommt.

WORTE ZUM SCHLUSS

Hunde wissen, wie sie ihre Nase feucht halten.

Hunde riechen die Welt in etwa so, wie wir Menschen sie visuell wahrnehmen, oder noch viel intensiver.

Schon ist das Ende dieses Buches erreicht. Mich lässt weiterhin die Faszination der Hundenase nicht los. Und ich glaube, dass wir Menschen uns nicht bis ins Letzte in die Geruchswelt der Hunde hineinversetzen können. Aber wir können versuchen, sie immer besser wahrzunehmen und zu verstehen.

Denn wir sollten nie vergessen: Während wir in einen Raum kommen und einen typischen Pizzageruch wahrnehmen, riecht der Hund jede einzelne Zutat der Pizza ...

Ann Lill Kvam bringt die Faszination Hundenase absolut auf den Punkt: „Ein geübter Hund kann zwei Sandkörner auf einem 500 m langen, 50 m breiten und 50 cm tiefen Sandstrand wiederfinden."

Wenn Sie die eine oder andere Idee aus diesem Buch mit Ihrem Hund praktiziert haben, werden Sie schnell feststellen, dass nicht nur die geübten Hundenasen einmalig sind, sondern jede einzelne Hundenase Sie immer wieder zum Staunen bringen wird.

In diesem Sinne: Wann geht es für Sie los zur nächsten Schnüffeltour? Denn: Schnüffeln macht einfach glücklich!

Wir lieben schnüffeln!

SERVICE

Nachgelesen im Web

- www.rover.com/ca/blog/secret-history-dogs-nose/ (Abruf 20.01.2023)
- dogco.de/geruchssinn-hund/ (Abruf 21.01.2023)
- www.dwd.de/DE/wetter/thema_des_tages/2020/4/20.html (Abruf 23.01.2023)
- www.spektrum.de/magazin/geruchsgedaechtnis-die-macht-der-duefte/2053230 (Abruf 23.01.2023)
- www.dummies.com/article/home-auto-hobbies/pets/dogs/general-dogs/understanding-a-dogs-sense-of-smell-199111/ (Abruf 26.01.2023)
- www.scinexx.de/news/biowissen/hunde-sehen-was-sie-riechen/ (Abruf 26.01.2023)
- www.moz.de/lokales/bernau/leichenfund-hund-entdeckt-toten-in-einem-park-in-bernau-59630613.html (Abruf 26.01.2023)
- www.welt.de/kmpkt/article212022889/Hunde-haben-einen-inneren-Kompass.html (Abruf 26.01.2023)
- www.nature.com/articles/s41598-020-60439-y (Abruf 26.01.2023)
- link.springer.com/article/10.3758/s13420-021-00463-8 (Abruf 26.01.2023)
- chwolf.org/woelfe-kennenlernen/biologie-ethologie/jagd-und-fressverhalten (Abruf 02.02.2023)
- link.springer.com/content/pdf/10.1038/s41598-020-74784-5.pdf?pdf=core (Abruf 26.01.2023)
- www.nature.com/articles/s41598-020-60439-y.pdf (Abruf 02.02.2023)
- www.pnas.org/doi/full/10.1073/pnas.1720419115 (Abruf 13.02.2023)
- www.ncbi.nlm.nih.gov/pmc/articles/PMC6769875/ (Abruf 13.02.2023)
- www.gerd-pfeffer.de/dyn_thermik.html (Abruf 14.03.2023)
- www.researchgate.net/publication/279399481_Olfaction_and_Explosives_Detector_Dogs (Abruf 14.03.2023)
- www.wissenschaft.de/gesellschaft-psychologie/die-hierarchie-der-sinne-2/ (Abruf 14.03.2023)
- www.ncbi.nlm.nih.gov/pmc/articles/PMC8035344/ (Abruf 14.03.2023)
- link.springer.com/article/10.1007/s00194-022-00576-y (Abruf 14.03.2023)

Nachgelesen in Büchern

- **Bodemann, Guy/Perrerz, Meinrad/Schär. Marcel:** Klassische Lerntheorien. Grundlagen und Anwendungen in Erziehung und Psychotherapie. Hogrefe Verlag, Göttingen 2023
- **Gattermann, Rolf (Hg.):** Wörterbuch zur Verhaltensbiologie der Tiere und des Menschen. Springer Spektrum, Heidelberg 2006
- **Horwitz, Alexandra:** Hund – Nase – Mensch. Wie der Geruchssinn unser Leben beeinflusst. Kynos Verlag, Nerdlen/Daun 2016
- **Rosell, Frank:** Die Welt der Gerüche. Spezial-Spürhunde im Einsatz. Kynos Verlag, Nerdlen/Daun 2014
- **Werren, Cat:** Der Geruch des Todes. Einsätze eines Leichenspürhundes. Kynos Verlag, Nerdlen/Daun 2013

Bildnachweis

Titelbild: Tierfotoagentur.de/S. Klisch.
Die Fotos im Buch und auf den Klappen stammen von **Yvonne Janetzek** (http://bulldogfactory.de).
Die Illustrationen fertigte **Susanne Dinkel** (www.dinkel-illustrationen.de), Reutlingen, nach Vorlagen der Autorin.

Über die Autorin

Harmke Horst arbeitet als Texterin, Autorin, Moderatorin und Ausbilderin für Personenspürhunde. Sie hat bereits mehrere Bücher zu den Themen Mantrailing und Hundetraining veröffentlicht. Für die hessische Polizei war sie mit ihren eigenen Hunden bereits über 250 Mal in den Bereichen der Vermisstensuche und -rekonstruktion in Amtshilfe im Einsatz.

Dank der Autorin

Wie so oft sind gerade die Hunde, die ich beobachten durfte, ein großer Bestandteil dieses Buches. Denn ohne sie gäbe es das Buch gar nicht. Häufig haben sie mir Dinge gezeigt, die im Alltag einfach so an mir vorbeigezogen sind, dank dieses Buches nun aber für viele sichtbar sind. Danke, Esra und Tick!

Ebenso ist ohne Familie, Freunde und Kunden solch ein Buch fast nicht möglich. Denn auch von ihnen habe ich jegliche Unterstützung erhalten, die ein Schreibprozess ab und zu benötigt.

Ich möchte mich also an dieser Stelle herzlich bei allen Hunden und Menschen bedanken, die dieses Buch erst möglich gemacht haben.

Dank der Fotografin

Ich möchte mich an dieser Stelle bei all den tollen Zwei- und Vierbeinern bedanken, die für die Fotos in diesem Buch im Einsatz waren: Ein fettes Dankeschön an euch und eure fantastischen Hunde, dass ihr bei den Fototerminen so super mitgearbeitet habt!

Impressum

Die in diesem Buch enthaltenen Empfehlungen und Angaben sind von der Autorin mit größter Sorgfalt zusammengestellt und geprüft worden. Eine Garantie für die Richtigkeit der Angaben kann aber nicht gegeben werden. Autorin und Verlag übernehmen keine Haftung für Schäden und Unfälle. Bitte setzen Sie bei der Anwendung der in diesem Buch enthaltenen Empfehlungen Ihr persönliches Urteilsvermögen ein.

Der Verlag Eugen Ulmer ist nicht verantwortlich für die Inhalte der im Buch genannten Websites.

Anmerkung zur Schreibweise (Gendering):
Gendergerechtigkeit und Inklusion sind bei uns gelebte Praxis – bei der Auswahl unserer Themen, bei der Recherchearbeit, in der Gestaltung. Unsere Texte meinen alle. Damit unsere Inhalte jedoch gut lesbar bleiben, verzichten wir in diesem Werk auf die jeweilige Mehrfachnennung oder Anpassung der Schreibweise bestimmter Bezeichnungen an die weibliche, männliche oder diverse Form.

MIX
Papier | Fördert gute Waldnutzung
FSC® C110508
FSC www.fsc.org

Bibliografische Information der Deutschen Nationalbibliothek
Die Deutsche Nationalbibliothek verzeichnet diese Publikation in der Deutschen Nationalbibliografie; detaillierte bibliografische Daten sind im Internet über http://dnb.d-nb.de abrufbar.

Wollgrasweg 41, 70599 Stuttgart (Hohenheim)
E-Mail: info@ulmer.de
Internet: www.ulmer.de
Projektleitung: Kathrin Gutmann
Lektorat: Alessandra Kreibaum
Herstellung: Stephanie Haun
Umschlaggestaltung: siegel konzeption | gestaltung, Stuttgart
Gestaltung und Satz: Susanne Junker, www.redsign.de, Stuttgart
Reproduktion: time:ray, Jettingen
Druck und Bindung: Westermann Druck, Zwickau

Printed in Germany

ISBN 978-3-8186-2360-9